수능 대비 랑데뷰 싱크로율 99% 모의고사 1회

수학 영역

성명 [   ] 수험 번호 [—   ]

○ 문제지의 해당란에 성명과 수험번호를 정확히 쓰시오.

○ 답안지의 필적 확인란에 다음의 문구를 정자로 기재하시오.

2026학년도 6월 평가원

○ 답안지의 해당란에 성명과 수험 번호를 쓰고, 또 수험 번호, 문형 (홀수/짝수), 답을 정확히 표시하시오.

○ 단답형 답의 숫자에 '0'이 포함되면 그 '0'도 답란에 반드시 표시하시오.

○ 문항에 따라 배점이 다르니, 각 물음의 끝에 표시된 배점을 참고하시오. 배점은 2점, 3점 또는 4점입니다.

○ 계산은 문제지의 여백을 활용하시오.

※ 공통 과목 및 자신이 선택한 과목의 문제지를 확인하고, 답을 정확히 표시하시오.

※ 시험이 시작되기 전까지 표지를 넘기지 마시오.

랑데뷰

제 2 교시

수학 영역

5지선다형

1. $\log_2 3 + \log_2\left(\dfrac{4}{3}\right)$ 의 값은? [2점]

① 1　　② 2　　③ 3　　④ 4　　⑤ 5

2. 함수 $f(x) = (x^3 - 2x)(x+1)$ 에 대하여 $f'(1)$ 의 값은? [2점]

① -1　　② 0　　③ 1　　④ 2　　⑤ 3

3. $\sin\theta + \cos\theta = 1$ 일 때, $\sin^3\theta + \cos^3\theta$ 의 값은? [3점]

① $\dfrac{1}{2}$　　② 1　　③ $-\dfrac{1}{2}$　　④ -1　　⑤ 2

4. 두 등차수열 $\{a_n\}$, $\{b_n\}$ 에 대하여

$a_1 + b_1 = 10$, $a_{10} + b_{10} = 20$ 일 때, $\displaystyle\sum_{k=1}^{10} a_k + \sum_{k=1}^{10} b_k$ 의 값은? [3점]

① 100　　② 125　　③ 150　　④ 175　　⑤ 200

5. $1 \leq x \leq 5$에서 함수 $f(x)=\log_{\frac{1}{2}}(3x+1)+4$의 최댓값과 최솟값의 합은? [3점]

① 1　　② 2　　③ 3　　④ 4　　⑤ 5

6. 다항함수 $f(x)$가 $\displaystyle\lim_{x \to 1}\frac{\displaystyle\int_1^x f(t)\,dt - f(x)}{x^2-1}=-1$를 만족할 때, $f'(1)$의 값은? [3점]

① -4　　② -2　　③ 0　　④ 2　　⑤ 4

7. 함수 $f(x)=x^3-12x+16$에 대하여 곡선 $y=f(x)$ 위의 점 $A(2,\ f(2))$에서의 접선과 곡선 $y=f(x)$로 둘러싸인 부분의 넓이는? [3점]

① 92　　② 96　　③ 100　　④ 104　　⑤ 108

8. 함수 $f(x)=\sin^2\left(x+\dfrac{\pi}{4}\right)+\sin\left(x-\dfrac{\pi}{4}\right)+1$의 최댓값은? [3점]

① $\dfrac{9}{4}$ ② $\dfrac{11}{4}$ ③ 3 ④ $\dfrac{13}{4}$ ⑤ $\dfrac{7}{2}$

9. 함수 $f(x)=x^4+ax^3$에 대하여

$$\int_{-2}^{2}(x+1)f(x)\,dx=64+\int_{-2}^{2}f(x)\,dx$$

일 때, 상수 a의 값은? [4점]

① 1 ② 2 ③ 3 ④ 4 ⑤ 5

10. 두 실수 a, b $(a>1,\,b>1)$에 대하여 곡선 $y=\log_a(3-x)$이 곡선 $y=b^x-b^2$와 만나는 점을 A, 곡선 $y=\log_a(3-x)$이 y축과 만나는 점을 B, 곡선 $y=b^x-b^2$이 y축과 만나는 점을 C라 하자. 삼각형 ABC가 정삼각형일 때, $a^{2\sqrt{3}}+b^2$의 값은? [4점]

① $27+\dfrac{\sqrt{3}}{3}$ ② $27+\dfrac{2\sqrt{3}}{3}$ ③ $28+\dfrac{2\sqrt{3}}{3}$

④ $29+\dfrac{\sqrt{3}}{3}$ ⑤ $29+\dfrac{2\sqrt{3}}{3}$

11. 원점에서 출발하여 수직선 위를 움직이는 점 P의 시각 $t\,(t \geq 0)$에서의 속도 $v(t)$가

$$v(t) = t^2 + at + b$$

이다. 속도 $v(t)$가 다음 조건을 만족시킬 때, $t = 1$에서의 가속도는? (단, a, b는 상수이다.) [4점]

> (가) 두 자연수 α, $\beta\,(\alpha < \beta)$에 대하여 $v(\alpha) = v(\beta)$를 만족시키는 자연수 α의 최댓값은 4이다.
>
> (나) $t = \dfrac{9}{2}$에서 가속도는 음수이다.

① -10　　② -8　　③ -7　　④ -6　　⑤ -5

12. 다음 조건을 만족시키는 모든 수열 $\{a_n\}$에 대하여 모든 a_4의 값의 합은? [4점]

> (가) $2a_1 = a_3$
>
> (나) 모든 자연수 n에 대하여
> $$(a_{n+1} - 2a_n - 1)(a_{n+1} - a_n - 2) = 0$$
> 이다.

① 15　　② 18　　③ 21　　④ 24　　⑤ 27

13. 함수 $f(x) = 4x^3 - 5x^2 - 4x + 3$, 함수 $g(x) = x^2 + 12x + 3$일 때, 그림과 같이 $x \geq 0$일 때, 두 곡선 $y = f(x)$와 $y = g(x)$으로 둘러싸인 영역을 A, 두 곡선 $y = f(x)$, $y = g(x)$와, $x = k\,(k > 0)$으로 둘러싸인 영역을 B라 하자. 두 넓이가 같을 때, 상수 k의 값은? [4점]

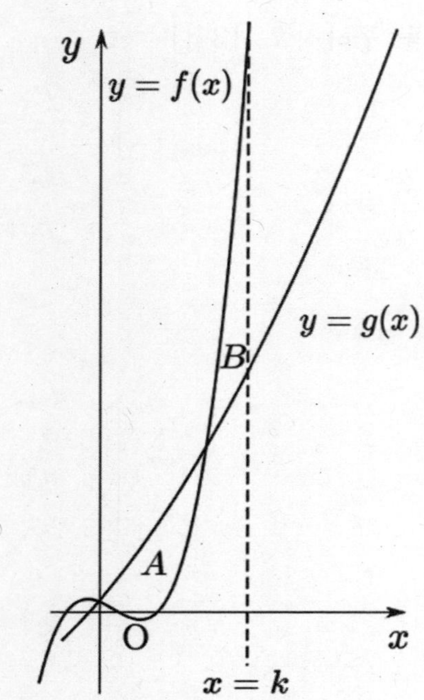

① 1   ② 2   ③ 3   ④ 4   ⑤ 5

14. 그림과 같이 $\overline{AC} = \sqrt{15}$ 인 삼각형 ABC에서 선분 BC의 중점을 P, 선분 CP의 중점을 Q라 하자. 삼각형 APC의 외접원의 반지름의 길이를 R라 할 때,

$$\overline{AQ} = \frac{5\sqrt{2}}{2}, \quad \sin(\angle ACB) = \frac{\sqrt{3}}{R}$$

이 성립한다. 선분 AB의 길이는? [4점]

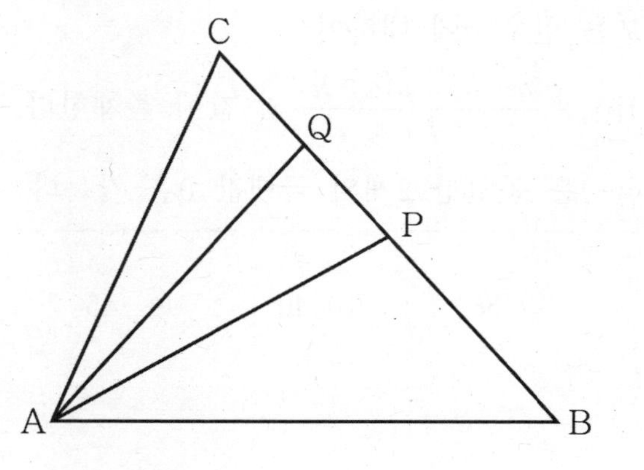

① $\sqrt{15}$ ② 4   ③ $\sqrt{17}$ ④ $3\sqrt{2}$ ⑤ $\sqrt{19}$

15. $f(1) < 0$, $f'(1) = 8$ 인 최고차항이 양수인 삼차함수 $f(x)$에 대하여 함수

$$g(x) = \begin{cases} f(x) & (|x| > 1) \\ 2f(1) - f(x) & (|x| \le 1) \end{cases}$$

이 다음 조건을 만족시킬 때, $f(3) - f(1)$의 값은? [4점]

> (가) 모든 실수 a에 대하여
> $$\lim_{h \to 0+} \frac{g(a+h) - g(a-h)}{h}$$ 의 값이 존재한다.
> (나) $g(x)$은 동일한 2개의 극댓값 0을 갖는다.

① 35   ② 38   ③ 40   ④ 45   ⑤ 48

16. 첫째항이 6인 등차수열 $\{a_n\}$에 대하여

$$a_{11} - a_7 = 12$$

일 때, a_6의 값을 구하시오. [3점]

17. $\displaystyle\lim_{x \to 2} \frac{x^3 - 4x}{x - 2}$의 값을 구하시오. [3점]

18. 자연수 n에 대하여 다항식 $3x^2-x+4$을 $x-n$으로 나누었을 때의 나머지를 a_n이라 할 때,

$\displaystyle\sum_{n=1}^{8}\left(a_n-2n^2-3n\right)$의 값을 구하시오. [3점]

19. 두 상수 a, b $(a>0)$에 대하여 $f(x)=\dfrac{1}{3}x^3-\dfrac{a}{2}x^2+b$의 두 극값의 차가 36일 때, $f'(-1)$의 값을 구하시오. [3점]

20. 실수 전체의 집합에서 정의된 함수 $f(x)$가 다음 조건을 만족시킨다.

> $0\le x<4$일 때 $f(x)=x(x-3)^2$이고,
> 모든 실수 x에 대하여 $f(x+4)=f(x)$이다.

방정식 $f(f(x))=f(x)$의 0이상인 정수인 근을 작은 수부터 크기순으로 나열할 때, n번째 수를 a_n이라 하자. 다음은 $a_n+a_{n+2}+a_{n+4}=81$일 때 n의 값을 구하는 과정이다.

> 방정식 $f(x)=x$의 모든 실근은 0, 2이므로
> 방정식 $f(f(x))=f(x)$의 실근을 구하는 것은
> 방정식 $f(x)\times\{f(x)-\boxed{(가)}\}=0$의 실근을 구하는 것과 같다.
>
> $0\le x<4$일 때, 방정식 $f(x)\times\{f(x)-\boxed{(가)}\}=0$의
> 모든 실근은 0, $2-\sqrt{3}$, $\boxed{(가)}$, 3, $2+\sqrt{3}$이고
> 정수인 근은 0, $\boxed{(가)}$, 3이므로
> $a_1=0$, $a_2=\boxed{(가)}$, $a_3=3$
> 이다. 또한 모든 실수 x에 대하여 $f(x+4)=f(x)$이므로
> 세 수열 $\{a_{3n-2}\}$, $\{a_{3n-1}\}$, $\{a_{3n}\}$은
> 공차가 모두 $\boxed{(나)}$인 등차수열이다.
> 따라서 $a_n+a_{n+2}+a_{n+4}=81$일 때, $n=\boxed{(다)}$이다.

위의 (가), (나), (다)에 알맞은 수를 각각 p, q, r이라 할 때, $p\times q\times r$의 값을 구하시오. [4점]

21. 최고차항의 계수가 1인 두 삼차함수 $f(x)$와 $g(x)$가 다음 조건을 만족시킨다.

(가) $\displaystyle\lim_{x \to a} \dfrac{1}{f(x)}$ 의 값이 존재하지 않는 실수 a의 값은 1과 2뿐이다.

(나) 함수 $|f(x)|g(x)$는 실수 전체의 집합에서 미분가능하다.

$\displaystyle\lim_{x \to 2} \dfrac{f(x)}{g(x)} = \dfrac{1}{4}$ 이고 $g(1)=6$일 때, $g(3)$의 값을 구하시오. [4점]

22. $a>1$, $k>\dfrac{a}{2}$인 두 실수 a, k에 대하여 두 곡선

$$y=a^x-k, \quad y=k(a^{-x}+1)-\dfrac{1}{2}$$

가 만나는 점을 A라 하고, 점 A를 지나고 기울기가 -1인 직선이 곡선 $y=\dfrac{a^{x-3}}{2}-3$과 만나는 점을 B라 하자.

원점 O에서 직선 AB에 내린 수선의 발을 H라 할 때, $\overline{\text{OH}}=\overline{\text{AB}}$이다. $\log_a 2k+k$의 값을 구하시오. [4점]

---

* 확인 사항

○ 답안지의 해당란에 필요한 내용을 정확히 기입(표기)했는지 확인 하시오.

○ 이어서, 「**선택과목(확률과 통계)**」 문제가 제시되오니, 자신이 선택한 과목인지 확인하시오.

제 2 교시

수학 영역(확률과 통계)

5지선다형

23. 숫자 0, 1, 2, 3 중에서 중복을 허락하여 네 개를 선택해
일렬로 나열하여 만들 수 있는 네 자리 자연수의 개수는? [2점]

① 80   ② 96   ③ 192   ④ 205   ⑤ 210

24. 두 사건 A, B가 서로 배반사건이고,

$$P(B) = \frac{1}{2}, \quad P(A \cup B) = \frac{2}{3}$$

일 때, $P(A)$의 값은? [3점]

① $\frac{1}{2}$ ② $\frac{1}{3}$ ③ $\frac{1}{6}$ ④ $\frac{1}{8}$ ⑤ $\frac{1}{12}$

25. $\left(x - \dfrac{1}{x^2}\right)\left(x^2 + \dfrac{a}{x}\right)^3$ 의 전개식에서 x의 계수가 6일 때, 양의 상수 a의 값은? [3점]

① 1 ② 2 ③ 3 ④ 4 ⑤ 5

26. 검은 공 4개, 흰 공 5개가 들어있는 주머니에서 임의로 1개씩 2개의 공을 꺼낼 때, 첫 번째로 꺼낸 공과 두 번째로 꺼낸 공의 색이 모두 같을 확률은? [3점]

① $\dfrac{1}{4}$ ② $\dfrac{4}{9}$ ③ $\dfrac{11}{36}$ ④ $\dfrac{1}{3}$ ⑤ $\dfrac{13}{36}$

27. 남학생 5명, 여학생 3명이 있다. 이 8명의 학생 중에서 여학생을 적어도 한 명 포함하여 5명의 학생을 선택하고 이 5명의 학생 모두를 일정한 간격으로 원 모양의 탁자에 둘러앉게 하려 한다. 이 때, 어떠한 여학생끼리도 서로 이웃하지 않게 앉는 경우의 수는? (단, 회전하여 일치하는 것은 같은 것으로 본다.) [3점]

① 720　　② 725　　③ 730　　④ 735　　⑤ 740

28. 공 16개와 비어 있는 세 상자 A, B, C가 있다. 한 개의 주사위를 사용하여 다음 규칙에 따라 세 상자 A, B, C에 공을 넣는 시행을 한다.

> 주사위를 한 번 던져
> 나온 눈의 수가 6의 약수이면
> 세 상자 A, B, C에 넣는 공의 개수가 각각 1, 1, 2이고,
> 나온 눈의 수가 6의 약수가 아니면
> 세 상자 A, B, C에 넣는 공의 개수가 각각 3, 0, 1이다.

이 시행을 4번 반복한 후 상자 B에 들어 있는 공의 개수가 홀수일 때, 상자 C에 들어 있는 공의 개수가 상자 A에 들어 있는 공의 개수보다 많을 확률은? [4점]

① $\dfrac{1}{2}$　　② $\dfrac{2}{3}$　　③ $\dfrac{3}{4}$　　④ $\dfrac{4}{5}$　　⑤ $\dfrac{5}{6}$

단답형

29. 세 개의 서로 다른 주사위를 각각 A, B, C라 할 때, 던져서 나오는 눈의 수를 차례로 a, b, c라 하자. $ab=12$ 또는 $b \leq c$일 확률은 k일 때, $216k$의 값을 구하시오. [4점]

30. 집합 $X=\{1, 2, 3, 4, 5\}$에 대하여 다음 조건을 만족시키는 함수 $f : X \rightarrow X$의 개수를 구하시오. [4점]

> (가) $x=1$, 2, 3, 4일 때 $f(x+1)+x \leq f(x)+3$이다.
> (나) $f(2)$의 값은 4의 약수이다.

* 확인 사항

○ 답안지의 해당란에 필요한 내용을 정확히 기입(표기)했는지 확인하시오.

○ 이어서, 「**선택과목(미적분)**」 문제가 제시되오니, 자신이 선택한 과목인지 확인하시오.

제 2 교시

수학 영역(미적분)

5지선다형

23. 함수 $f(x) = \dfrac{1}{x^2+1}$ 에 대하여 $f'(1)$의 값은? [2점]

① 1　　② $\dfrac{1}{3}$　　③ $\dfrac{1}{2}$　　④ $-\dfrac{1}{2}$　　⑤ $-\dfrac{1}{3}$

24. 곡선 $x+2y+\sin(xy)=2$ 위의 점 $(2,\,0)$에서의 접선의 y절편은? [3점]

① $\dfrac{1}{8}$　　② $\dfrac{1}{6}$　　③ $\dfrac{1}{4}$　　④ $\dfrac{1}{2}$　　⑤ 1

25. 두 상수 a, b에 대하여

$$\sum_{n=2}^{\infty}\left(\frac{a-n}{n+1}+\frac{n-3}{an-a}\right)=b$$

일 때, a^2+b^2의 값은? [3점]

① 10　　② 11　　③ 12　　④ 13　　⑤ 14

26. $x>-1$에서 함수 $f(x)=4^x-2^x+2$의 역함수를 $g(x)$라 하자. $g'(a)=\dfrac{1}{\ln 2}$가 되도록 하는 실수 a에 대하여 $af'(g(a))$의 값은? [3점]

① $\ln 2$　　② $2\ln 2$　　③ $3\ln 2$　　④ $4\ln 2$　　⑤ $5\ln 2$

27. 그림과 같이 길이가 2인 선분 AB를 지름으로 하는 반원의 호 AB 위의 점 P에 대하여 $\angle \mathrm{BAP} = \theta \left(\dfrac{\pi}{4} < \theta < \dfrac{\pi}{2} \right)$라 하고, 점 P를 지나고 선분 AB에 평행한 직선이 호 AB와 만나는 점 중 P가 아닌 점을 Q라 하자. 사각형 ABQP의 넓이를 $f(\theta)$, 선분 AP와 선분 PQ의 길이의 합을 $g(\theta)$라 하자. $f(\theta)$가 최대가 되도록 하는 θ의 값을 k라 할 때, $g'(k)$의 값은? [3점]

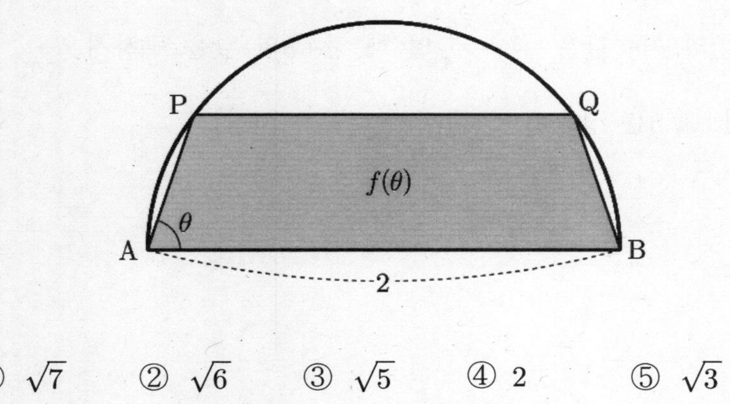

① $\sqrt{7}$　　② $\sqrt{6}$　　③ $\sqrt{5}$　　④ 2　　⑤ $\sqrt{3}$

28. $x > 0$인 실수 집합에서 이계도함수를 갖는 함수 $f(x)$와 두 상수 m, n 이 다음 조건을 만족시킬 때, $\dfrac{n}{m} = pe^q$이다. $p \times q$의 값은? (단, p와 q는 유리수이다.) [4점]

(가) $x > 0$인 모든 실수 x에 대하여
$$(f(x))^7 + (f(x))^3 = \frac{\ln x + mx^2 - nx}{x^3 + 5x}$$
이다.

(나) $f(1)f(9) < 0$

① 9　　② 8　　③ 7　　④ 6　　⑤ 5

29. 두 자연수 α, β에 대하여 다음 조건을 만족시키는 수열 $\{a_n\}$이 있다.

> 모든 자연수 n에 대하여
> $$a_n = \frac{\alpha+\beta}{2} - (-1)^n \frac{\alpha-\beta}{2}$$
> 이고, $a_1 \times a_2 = 2$이다.

수열 $\{a_n\}$과 $b_1 > 0$인 등비수열 $\{b_n\}$에 대하여

$$\sum_{n=1}^{\infty} (a_{4n-1} b_n) = 6, \quad \sum_{n=1}^{\infty} (a_{4n-2} b_{2n}) = -24$$

일 때, 만족하는 모든 b_1의 값의 합을 S라 할 때, $S = \dfrac{q}{p}$이다. $p+q$의 값을 구하시오. (단, p와 q는 서로소인 자연수이다.)

[4점]

30. 최고차항의 계수가 1인 이차함수 $f(x)$에 대하여 함수

$$g(x) = |f(xe^{-x})|$$

가 다음 조건을 만족시킨다.

> (가) 함수 $g(x)$는 $x = \alpha$에서만 미분가능하지 않다.
> (나) 함수 $g(x)$는 $x = 1$에서 극소이고, $g(0) = 0$이다.

$g(2)$의 최솟값은 $\dfrac{a}{e^3} - \dfrac{b}{e^4}$일 때, $a+b$의 값을 구하시오.

(단, a, b는 상수이고, $\displaystyle\lim_{x \to \infty} xe^{-x} = 0$) [4점]

> * 확인 사항
>
> ○ 답안지의 해당란에 필요한 내용을 정확히 기입(표기)했는지 확인 하시오.
>
> ○ 이어서, 「**선택과목(기하)**」 문제가 제시되오니, 자신이 선택한 과목인지 확인하시오.

제 2 교시

수학 영역(기하)

5지선다형

23. 두 벡터 $\vec{a}=(5,\ 4)$, $\vec{b}=(3,\ -2)$에 대하여 벡터 $\vec{a}+2\vec{b}$의 모든 성분의 합은? [2점]

① 11 ② 13 ③ 15 ④ 17 ⑤ 19

24. 타원 $\dfrac{x^2}{5^2}+\dfrac{y^2}{4^2}=1$의 초점과 쌍곡선 $\dfrac{x^2}{4^2}-\dfrac{y^2}{3^2}=1$의 점근선 사이의 거리는? [3점]

① 1 ② $\dfrac{6}{5}$ ③ $\dfrac{7}{5}$ ④ $\dfrac{8}{5}$ ⑤ $\dfrac{9}{5}$

25. 좌표평면 위의 점 $(1, 4)$를 지나고 벡터 $\vec{n} = (2, 1)$에 수직인 직선이 x축, y축과 만나는 점의 좌표를 각각 $(a, 0)$, $(0, b)$라 하자. $a+b$의 값은? [3점]

① 7   ② 8   ③ 9   ④ 10   ⑤ 11

26. 타원 $\dfrac{x^2}{a+3} + \dfrac{y^2}{a+2} = 1$과 쌍곡선 $\dfrac{x^2}{a} - \dfrac{y^2}{1-a} = 1$이 두 초점 F_1, F_2를 공유하고, 점 P가 이 두 곡선의 한 교점일 때, $\overline{PF_1} \times \overline{PF_2}$의 값은? (단, $0 < a < 1$) [3점]

① $\sqrt{2}$ ② 2   ③ $\sqrt{6}$ ④ $2\sqrt{2}$ ⑤ 3

27. 세 벡터 $\vec{a}, \vec{b}, \vec{c}$가 다음 조건을 만족시킨다.

> (가) $\vec{a}\,/\!/\,\vec{c}$, $\vec{b}\perp\vec{c}$
> (나) $\vec{a}\cdot\vec{c}=8$
> (다) $(\vec{a}+\vec{c})\cdot(\vec{a}-\vec{c})=-12$

이때 내적 $(\vec{a}+\vec{c})\cdot(\vec{b}+\vec{c})$의 값은? [3점]

① 20　　② 22　　③ 24　　④ 26　　⑤ 28

28. 두 점 $\mathrm{F}(c,0)$, $\mathrm{F}'(-c,0)$ $(c>0)$을 초점으로 하는 타원 $C_1 : \dfrac{x^2}{a^2}+\dfrac{y^2}{9}=1$ $(a>0)$과 두 점 $\mathrm{A}(0,d)$, $\mathrm{A}'(0,-d)$ $(d>3)$을 초점으로 하는 쌍곡선 C_2 가 있다. 선분 AF를 $1:2$로 내분하는 점 P가 타원 C_1 위에 존재하고, 두 점 F', P를 $2:1$외분하는 점 Q에 대하여 쌍곡선 C_2는 점 Q를 지난다. $2\overline{\mathrm{AP}}+\overline{\mathrm{PF}'}=6\sqrt{3}$일 때, 쌍곡선 C_2의 주축길이의 값은? [4점]

① $\dfrac{5\sqrt{73}-5}{\sqrt{12}}$　　② $\dfrac{5\sqrt{73}-10}{\sqrt{12}}$　　③ $\dfrac{5\sqrt{73}-15}{\sqrt{12}}$

④ $\dfrac{5\sqrt{73}-20}{\sqrt{12}}$　　⑤ $\dfrac{5\sqrt{73}-25}{\sqrt{12}}$

29. 그림과 같이 두 점 $F'(-c,\ 0)$, $F(c,\ 0)(c>0)$을 초점으로 하는 쌍곡선이 있다. 이 쌍곡선 위의 점 중 제1사분면에 있는 점 P에 대하여 선분 PF′가 y축과 만나는 점을 Q라 하고, 쌍곡선이 x축과 만나는 점을 각각 A, B라 할 때, 점 B를 지나면서 선분 PF′와 평행한 직선이 이 쌍곡선과 만나는 점을 R이라 하자. $\overline{PQ}=\overline{QF'}$, $\angle PAB=\dfrac{\pi}{4}$이고 삼각형 PF′R의 넓이가 27일 때, 이 쌍곡선의 주축의 길이는 k이다. $k\times\overline{PF'}$의 값을 구하시오. (단, A의 x좌표는 B의 x좌표보다 작다.) [4점]

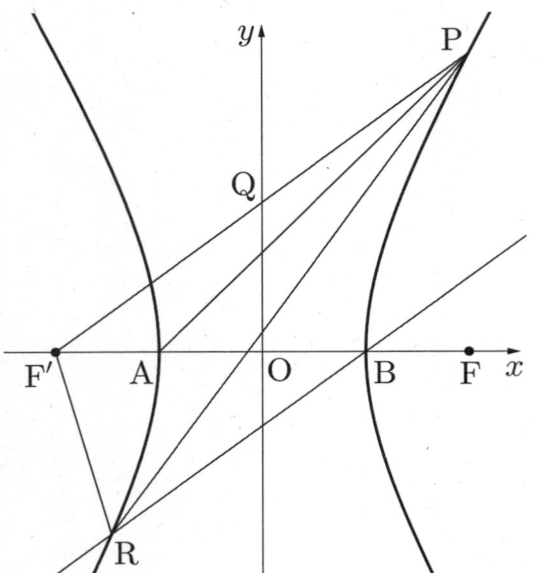

30. 좌표평면에 $\overline{AB}=9$, $\overline{AD}=12$인 직사각형 ABCD와 $9\overrightarrow{BE}=5\overrightarrow{BC}+4\overrightarrow{BD}$를 만족시키는 점 E가 있다. 선분 BC 위를 움직이는 점 P에 대하여 점 Q가

$$\overrightarrow{PQ}\cdot\left(\overrightarrow{PQ}-\dfrac{8}{9}\overrightarrow{AB}\right)=0$$

을 만족시킬 때, $\alpha\le\overrightarrow{AE}\cdot\overrightarrow{AQ}\le\beta$일 때, $\alpha+\beta$의 값을 구하시오. [4점]

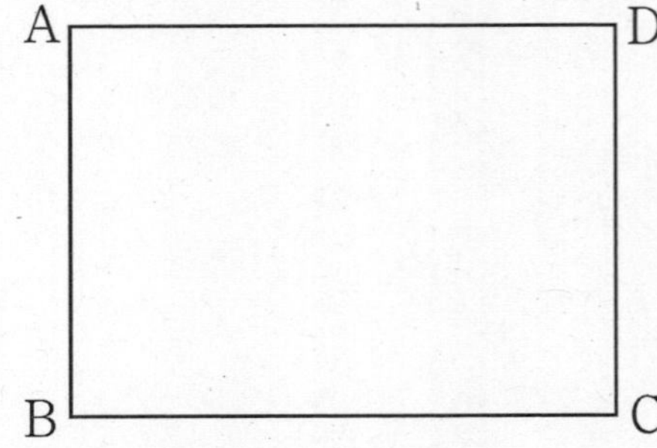

※ 시험이 시작되기 전까지 표지를 넘기지 마시오.

수능 대비 랑데뷰 싱크로율 99% 모의고사 2회

수학 영역

| 성명 | | 수험 번호 | | | — | | |

○ 문제지의 해당란에 성명과 수험번호를 정확히 쓰시오.

○ 답안지의 필적 확인란에 다음의 문구를 정자로 기재하시오.

2026학년도 9월 평가원

○ 답안지의 해당란에 성명과 수험 번호를 쓰고, 또 수험 번호, 문형 (홀수/짝수), 답을 정확히 표시하시오.

○ 단답형 답의 숫자에 '0'이 포함되면 그 '0'도 답란에 반드시 표시하시오.

○ 문항에 따라 배점이 다르니, 각 물음의 끝에 표시된 배점을 참고하시오. 배점은 2점, 3점 또는 4점입니다.

○ 계산은 문제지의 여백을 활용하시오.

※ 공통 과목 및 자신이 선택한 과목의 문제지를 확인하고, 답을 정확히 표시하시오.

※ 시험이 시작되기 전까지 표지를 넘기지 마시오.

랑데뷰

수학 영역

제 2 교시

5지선다형

1. $\sqrt[3]{2} \times \sqrt[4]{\sqrt[3]{\sqrt{(-4)^4}}}$ 의 값은? [2점]

① -4 ② -3 ③ -2 ④ 2 ⑤ 3

2. 함수 $f(x)=x^2-6x+5$에 대하여

$$\lim_{h \to 0}\frac{f(a+h)-f(a-h)}{h}=8$$을 만족하는 상수 a의 값은? [2점]

① 5 ② 6 ③ 7 ④ 8 ⑤ 9

3. $\displaystyle\sum_{k=1}^{6}(k^2+ak)=70$일 때, 상수 a의 값은? [3점]

① -1 ② $-\dfrac{1}{2}$ ③ $\dfrac{1}{2}$ ④ 1 ⑤ $\dfrac{3}{2}$

4. 함수 $y=f(x)$ 의 그래프가 그림과 같다.

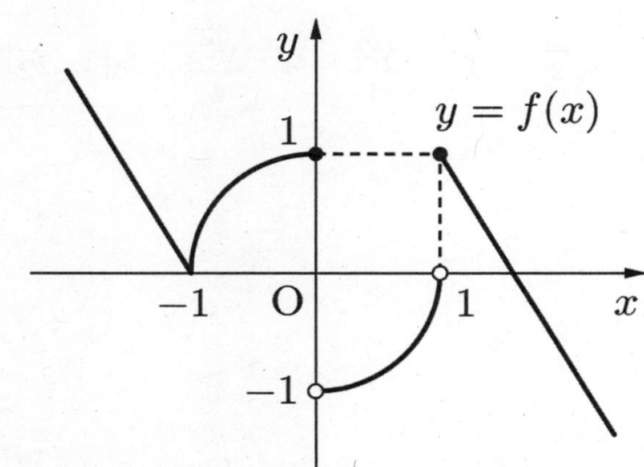

$$\lim_{x \to -1}f(x)+\lim_{x \to 0-}f(x)+f(1)$$의 값은? [3점]

① 2 ② $\dfrac{3}{2}$ ③ 1 ④ 0 ⑤ $-\dfrac{1}{2}$

5. 함수 $f(x)=(x^2-4)(x^2+x+1)$에 대하여 $f'(2)$의 값은? [3점]

① 24　　② 26　　③ 28　　④ 30　　⑤ 32

6. $\dfrac{\pi}{2}<\theta<\pi$인 θ에 대하여 $\sin\theta=\dfrac{1}{3}$일 때,

$\tan(\theta-\pi)$의 값은? [3점]

① $-2\sqrt{2}$　② $-\sqrt{2}$　③ $-\dfrac{\sqrt{2}}{4}$　④ $\dfrac{\sqrt{2}}{4}$　⑤ $\sqrt{2}$

7. 함수 $f(x)=x^3-12x+16$에 대하여 곡선 $y=f(x)$위의 점 $A(2,\ f(2))$에서의 접선과 곡선 $y=f(x)$로 둘러싸인 부분의 넓이는? [3점]

① 92　　② 96　　③ 100　　④ 104　　⑤ 108

8. 두 양수 a, b가

$$\log_{\sqrt[3]{3}} a + \log_3 b = 3, \quad \log_3 a + \log_3 b^3 = 5$$

을 만족시킬 때, ab의 값은? [3점]

① 3　　　② 9　　　③ 27　　　④ 81　　　⑤ 243

9. 다항함수 $f(x)$의 한 부정적분을 $\dfrac{1}{3}F(x)$라 하고,
함수 $5f(x)+2$의 한 부정적분을 $G(x)$라 하자.
$3G(1)=5F(1)$일 때, $3G(3)-5F(3)$의 값은? [4점]

① 11　　　② 12　　　③ 13　　　④ 14　　　⑤ 15

10. 수열 $\{a_n\}$은 2이상의 자연수 n에 대하여
$a_{n+1}-a_n=d$을 만족시키는 수열이다.

$$S_5 = 22, \quad \sum_{k=1}^{11}(-1)^k a_k = -3$$

이고, $a_1 = 4|d|$일 때, 가능한 S_3의 값은? [4점]

① 11　　　② 12　　　③ 13　　　④ 14　　　⑤ 15

11. 시각 $t=0$일 때 원점에서 출발하여 수직선 위를 움직이는 점 P가 있다. 시각이 $t\,(t \geq 0)$일 때 점 P의 속도 $v(t)$가

$$v(t)=3t^2-at+3$$

이다. <보기>에서 옳은 것만을 있는 대로 고른 것은? (단, a는 상수이다.) [4점]

<보 기>

ㄱ. $a=1$이면 시각 $t=1$일 때 점 P의 위치는 4이다.

ㄴ. 점 P의 운동 방향이 2번 바뀌기 위한 a의 범위는 $a>6$이다.

ㄷ. $a=10$이면 시각 $t=0$에서 $t=\dfrac{2}{3}$까지 점 P가 움직인

거리는 $\dfrac{8}{9}$이다.

---

① ㄴ   ② ㄱ, ㄴ   ③ ㄱ, ㄷ

④ ㄴ, ㄷ   ⑤ ㄱ, ㄴ, ㄷ

12. 상수 $a\,(a>1)$과 양수 t에 대하여 곡선 $y=\log_a x$와 두 직선 $y=t$, $y=2t$가 만나는 점을 각각 A, B라 하고, 점 B에서 x축에 내린 수선의 발을 C라 하자. $\overline{AB}=\overline{BC}$이고 삼각형 ABC의 넓이가 $9\sqrt{3}$일 때, t의 값은? [4점]

① 1   ② 2   ③ 3   ④ 4   ⑤ 5

13. 함수 $f(x) = x^2 + 4x - 12$이고 $\displaystyle\lim_{x \to t} \frac{(x-2)^2(x+6)^2}{\{f(x)\}^2 - k(x+1)f(x)}$는 임의의 실수 t에 대하여 값이 존재할 때, 만족시키는 모든 정수 k의 개수는? [4점]

① 1   ② 2   ③ 3   ④ 4   ⑤ 5

14. 양수 k에 대하여 양의 실수 전체의 집합에서 정의된 함수 $y = 2\cos\dfrac{\pi}{k}x$가 있다. 직선 $y = p$가 y축과 만나는 점을 A_0, 함수 $y = 2\cos\dfrac{\pi}{k}x$와 만나는 점 중 x좌표가 작은 것부터 순서대로 A_1, A_2, A_3, $\cdots$, 직선 $y = -p$가 y축과 만나는 점을 B_0, 함수 $y = 2\cos\dfrac{\pi}{k}x$와 만나는 점 중 x좌표가 작은 것부터 순서대로 B_1, B_2, B_3, $\cdots$라 하자. $\overline{B_0B_1} = 3\overline{A_0A_1}$이고, 자연수 n에 대하여 삼각형 OA_nB_n의 넓이를 S_n이라 하자. $\displaystyle\sum_{n=1}^{6} S_n = 24$일 때, $k+p$의 값은? (단, O는 원점이다.) [4점]

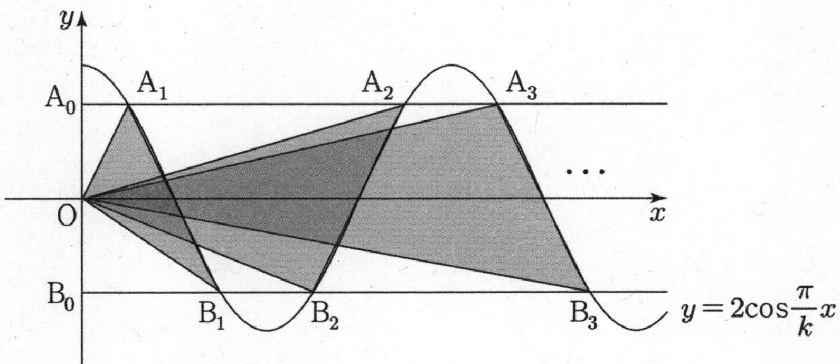

① $\dfrac{5\sqrt{2}}{3}$ ② $\dfrac{11\sqrt{2}}{6}$ ③ $2\sqrt{2}$

④ $\dfrac{13\sqrt{2}}{6}$ ⑤ $\dfrac{7\sqrt{2}}{3}$

15. 최고차항의 계수가 양수이고 원점을 지나는 삼차함수 $f(x)$에 대하여 함수 $g(x)$는

$$g(x) = \int_0^x \{|f(|t|)| - |t|\}\, dt$$

가 6개의 극값을 갖는다. $g'(x) = 0$인 서로 다른 실근을 작은수부터 $x_1,\ x_2,\ x_3,\ \cdots\ x_m\,(m$은 자연수$)$이라 하자. 모든 실근 $\{x_n\}\,(n = 1, 2, 3, \cdots, m)$은 등차수열을 이루고, $x_m = m - 1$이다. $m + f(8)$의 값은? [4점]

① 45　　　② 46　　　③ 47　　　④ 48　　　⑤ 49

16. 수열 $\{a_n\}$이 $a_1 = 2$이고, 모든 자연수 n에 대하여

$$a_{n+1} = \begin{cases} a_n - 2 & (a_n > 0) \\ n & (a_n \leq 0) \end{cases}$$

을 만족시킬 때, a_5의 값을 구하시오. [3점]

17. 함수 $f(x)$에 대하여 $f'(x) = 3x^2 - 2x$이고 $f(1) = 4$일 때, $f(2)$의 값을 구하시오. [3점]

18. 모든 항이 양수인 등차수열 $\{a_n\}$에 대하여

$$a_4 = 10, \quad a_2 \times a_6 = 64$$

일 때, a_{10}의 값을 구하시오. [3점]

19. 함수 $f(x) = x^3 + 3ax^2 + 9a$의 극댓값이 $13a$일 때, 함수 $f(x)$의 극솟값을 구하시오. [3점]

20. 그림과 같이 사각형 ABEC가 한 원에 내접하고 $\overline{AB}=2$, $\overline{AC}=\overline{BC}$, $\angle$ACB는 예각일 때, 직선 AC와 직선 BE가 만나는 점을 D라 하자.

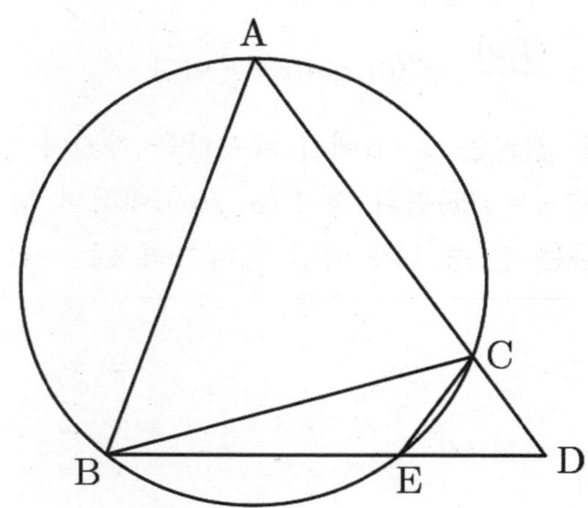

다음은 삼각형 ABC의 외접원의 넓이는 $\dfrac{9}{8}\pi$이고 삼각형 BCD의 넓이는 $\dfrac{\sqrt{2}}{3}$일 때, 선분 $\overline{CE}$의 길이를 구하는 과정이다.

삼각형 ABC의 외접원의 넓이는 $\dfrac{9}{8}\pi$이므로 외접원의

반지름은 $\dfrac{3\sqrt{2}}{4}$이다.

$\angle$ACB$=\theta$라 할 때, $\overline{AB}=2$이므로 삼각형 ABC에서
사인법칙에 의하여 $\sin\theta = \boxed{\text{(가)}}$

$\overline{AC}=\overline{BC}$이므로 삼각형 ABC에서
코사인법칙에 의하여 $\overline{AC}=\overline{BC}=\boxed{\text{(나)}}$

$\angle$BCD$=\pi-\theta$이고, 삼각형 BCD의 넓이는 $\dfrac{\sqrt{2}}{3}$이므로

$$\frac{1}{2}\times\sqrt{3}\times\overline{CD}\times\frac{2\sqrt{2}}{3}=\frac{\sqrt{2}}{3}$$

$\overline{CD}=\dfrac{\sqrt{3}}{3}$이다.

삼각형 BCD에서 코사인법칙에 의하여
$\overline{BD}=2$이다.

삼각형 DCE와 삼각형 DBA가 서로 닮음이므로
$\overline{CD}:\overline{BD}=\overline{CE}:\overline{BA}$ 의해 $\overline{CE}=\boxed{\text{(다)}}$ 이다.

위 (가), (나), (다)에 알맞은 수를 p, q, r이라 할 때, $\left(\dfrac{p\times q}{r}\right)^2$의 값을 구하시오. [4점]

21. $f(0)=0$이고 최고차항의 계수가 1인 삼차함수 $f(x)$가 다음 조건을 만족시킬 때, $f(2)$의 값을 구하시오. [4점]

> (가) 모든 양의 실수 x에 대하여
> $$6x \leq \frac{f(x)}{x} - f'(0) \leq 6x + x^2 \text{이다.}$$
> (나) 함수 $f(x)$는 $x=\alpha$에서 극솟값을 가지며 곡선 $y=f(x)$위의 점 $\mathrm{P}(\alpha, f(\alpha))$에서의 접선이 곡선과 만나는 점 중 P가 아닌 점의 x좌표는 -4이다.

22. 실수 $a(a>1)$에 대하여 두 함수 $f(x)=a^x$, $g(x)=\log_a x$가 있다. 중심이 직선 $y=x$ 위에 있는 원이 곡선 $y=a^x$와 만나는 두 점을 x좌표가 작은 값부터 차례로 A, B라 하고, 곡선 $y=\log_a x$와 만나는 두 점을 x좌표가 작은 값부터 차례로 C, D라 하자. 두 점 A, B의 x좌표는 모두 자연수이고 사각형 ACDB의 넓이가 $\dfrac{9}{2}$, 직선 AB와 직선 CD의 기울기의 합이 $\dfrac{5}{2}$일 때, $f(a)+g(a)$의 값을 구하시오.

(단, 모든 실수 x에 대하여 $a^x > x$이다.) [4점]

> * 확인 사항
>
> ○ 답안지의 해당란에 필요한 내용을 정확히 기입(표기)했는지 확인하시오.
>
> ○ 이어서, 「**선택과목(확률과 통계)**」 문제가 제시되오니, 자신이 선택한 과목인지 확인하시오.

제 2 교시

수학 영역(확률과 통계)

5지선다형

23. 갑과 을을 포함한 5명을 일렬로 세울 때, 갑이 을보다 앞에 설 확률은? [2점]

① $\dfrac{1}{6}$ ② $\dfrac{1}{5}$ ③ $\dfrac{1}{4}$ ④ $\dfrac{1}{3}$ ⑤ $\dfrac{1}{2}$

24. 두 사건 A와 B는 서로 독립이고

$P(A \cup B) = \dfrac{2}{3}$, $P(A|B) = \dfrac{1}{6}$일 때, $P(A \cap B^C)$의 값은?

(단, B^C은 B의 여사건이다.) [3점]

① $\dfrac{1}{12}$ ② $\dfrac{1}{13}$ ③ $\dfrac{1}{14}$ ④ $\dfrac{1}{15}$ ⑤ $\dfrac{1}{16}$

25. 배드민턴 대회에서 결승에 진출한 A, B 두 사람이 배드민턴 경기를 할 때, 먼저 3세트를 이긴 사람이 우승한 것으로 한다. 각 세트에서 A가 이길 확률은 $\dfrac{1}{3}$, B가 이길 확률은 $\dfrac{2}{3}$로 일정할 때, 4번째 세트까지만 치르고 A가 우승할 확률은? [3점]

① $\dfrac{1}{27}$ ② $\dfrac{2}{27}$ ③ $\dfrac{1}{8}$ ④ $\dfrac{4}{27}$ ⑤ $\dfrac{5}{27}$

26. 어느 농가에서 생산하는 수박 한 개의 무게는 평균이 mg, 표준편차가 σg인 정규분포를 따른다고 한다. 이 농가에서 생산하는 수박 중 49개를 임의추출하여 얻은 표본평균을 이용하여, 이 농가에서 생산하는 수박 한 개의 무게의 평균 m에 대한 신뢰도 95%의 신뢰구간이 $a \leq m \leq b$이다. $b - a = 28$일 때, σ의 값은?
(단, Z가 표준정규분포를 따르는 확률변수일 때, $\mathrm{P}(|Z| \leq 1.96) = 0.95$로 계산한다.) [3점]

z	$\mathrm{P}(0 \leq Z \leq z)$
0.75	0.2734
1.00	0.3413
1.25	0.3944
1.50	0.4332

① 42 ② 44 ③ 46 ④ 48 ⑤ 50

27. 숫자 1, 2, 2, 3이 하나씩 적혀 있는 정사면체 모양의 상자
A와 숫자 1, 1, 3, 5가 하나씩 적혀 있는 정사면체 모양의
상자 B가 있다. 이 두 상자 A, B를 동시에 던져서 바닥에
닿은 면에 적혀 있는 두 수의 차를 확률변수 X라 하자.

$$X=|(상자\ A의\ 눈)-(상자\ B의\ 눈)|$$

이때, $V(X)$의 값은? [3점]

① $\dfrac{1}{4}$　　② $\dfrac{1}{2}$　　③ $\dfrac{3}{4}$　　④ 1　　⑤ $\dfrac{5}{4}$

28. 빨간색 꽃 1개, 주황색 꽃 2개, 노란색 꽃 3개, 초록색 꽃
4개가 있다. 이 10개의 꽃을 서로 다른 세 꽃병 A, B, C에
다음 규칙에 따라 남김없이 꽂는 경우의 수는?
(단, 같은 색 꽃끼리는 서로 구별하지 않는다.) [4점]

(가) A, B 꽃병에는 적어도 1개의 꽃이 꽂혀 있고 C 꽃병에는
　　 꽃이 없을 수 있다.
(나) A 꽃병에 꽂힌 꽃의 색의 가짓수는 3 이하이다.

① 2300　　② 2305　　③ 2310　　④ 2315　　⑤ 2320

단답형

29. 주머니 A에는 $1, 2, 3, 4$의 카드가 4장 있고 주머니 B에는 $3, 4, 5, 6$의 카드가 4장 있고 다음 시행을 한다.

> 주머니 A의 카드 중에서 임의로 두 장을 선택하고,
> 주머니 B의 카드 중에서 임의로 두 장을 선택한다.
> 선택한 총 네 장의 카드 중에서 공통인 숫자의 개수를
> 기록한다.

이 시행을 1620번 반복하여 기록한 수가 1인 횟수가 740이상 750 이하일 확률을 오른쪽 표준정규분포표를 이용하여 구한 값이 k일 때, $1000 \times k$의 값을 구하시오. [4점]

z	$P(0 \le Z \le z)$
1.0	0.341
1.5	0.433
2.0	0.477
2.5	0.494
3.0	0.499

30. 학생 A는 숫자 1, 15이 각각 하나씩 적혀 있는 2장의 카드 중 임의로 한 장의 카드를 선택하여 선택한 카드에 적힌 수가 15일 때만 선택한 카드를 바닥에 내려놓고, 학생 B는 숫자 3, 5, 7, 9, 11, 13이 각각 하나씩 적혀 있는 6장의 카드 중 임의로 한 장의 카드를 선택하여 선택한 카드에 적힌 수가 n보다 작을 때만 선택한 카드를 바닥에 내려놓는다. 다음 규칙에 따라 학생 A가 밤을 받을 확률을 p, 학생 B가 밤을 받을 확률을 q라 하자.

> ○ 카드를 내려놓은 학생이 2명이면 더 작은 수가 적힌 카드를 내려놓은 학생만 밤을 받는다.
> ○ 카드를 내려놓은 학생이 1명이면 카드를 내려놓은 학생만 밤을 받는다.
> ○ 카드를 내려놓은 학생이 없으면 두 학생 전부 밤을 받는다.

$p = q$일 때, $3(n+q)$의 값을 구하시오. (단, n은 13 이하의 홀수이다.) [4점]

> * 확인 사항
>
> ○ 답안지의 해당란에 필요한 내용을 정확히 기입(표기)했는지 확인하시오.
>
> ○ 이어서, 「**선택과목(미적분)**」 문제가 제시되오니, 자신이 선택한 과목인지 확인하시오.

제 2 교시

수학 영역(미적분)

5지선다형

23. $\lim\limits_{x \to 0} \dfrac{e^{2x} - \cos x}{\sin 2x - \sin x}$ 의 값은? [2점]

① 0 ② $\dfrac{1}{2}$ ③ 1 ④ 2 ⑤ $\dfrac{5}{2}$

24. 미분가능한 함수 $f(x)$가

$$f(x) = \int_0^{2x} f\left(\frac{t}{2}\right) dt + 3$$

을 만족시킬 때, $f(\ln 2)$의 값은? (단, $f(x) > 0$) [3점]

① 4 ② 6 ③ 8 ④ 10 ⑤ 12

25. 수열 $\{a_n\}$에 대하여 급수

$$(a_1 - 5) + \left(\frac{a_2}{2} - 5\right) + \left(\frac{a_3}{3} - 5\right) + \cdots + \left(\frac{a_n}{n} - 5\right) + \cdots$$

의 합이 일정한 값에 수렴할 때, $\displaystyle\lim_{n\to\infty} \frac{3n^2 + 3na_n - 1}{n^2 - 2na_n + 2}$ 의 값은?

[3점]

① -2　　② -1　　③ 1　　④ 2　　⑤ 3

26. 곡선 $y = \sqrt{x-1} - 1$이 두 직선 x축, $x = 5$와 만나는 두 점을 각각 A, B라 하자. 점 B에서 y축에 내린 수선의 발을 C라 할 때, 곡선 $y = \sqrt{x-1} - 1$과 세 선분 OA, OC, BC로 둘러싸인 부분의 넓이는? (단, O는 원점이다.) [3점]

① 2　　② $\dfrac{7}{3}$　　③ $\dfrac{8}{3}$　　④ 3　　⑤ $\dfrac{10}{3}$

27. 실수 전체 집합에서 미분 가능한 함수 $f(x)$의 역함수를 $g(x)$라 할 때, $g(1)=2$, $f'(2)=2$이다. $y=f\left(\dfrac{1}{2}x+1\right)$의 역함수를 $h(x)$라 할 때, $h'(1)$의 값은? [3점]

① 0 　② $\dfrac{1}{2}$ 　③ 1 　④ $\dfrac{3}{2}$ 　⑤ 2

28. 삼차함수 $f(x)$와 실수 전체의 집합에서 미분가능한 함수 $g(x)$가 모든 실수 x에 대하여

$$\frac{f(x)-2g(x)}{2}=-\tan g(x)$$

이고 다음 조건을 만족시킬 때, $\displaystyle\lim_{x\to 0}\frac{\{g(x)\}^3-\{g(0)\}^3}{x}$의 값은? [4점]

> (가) $f(0)=0$, $f''(\pi)=0$
> (나) $\cos g(\pi)=-1$, $\displaystyle\lim_{x\to\infty}g(x)=\frac{\pi}{2}$

① -1 　② -3 　③ -5 　④ -7 　⑤ -9

29. 첫째항이 양수이고 공비가 유리수인 등비수열 $\{a_n\}$에 대하여 급수 $\displaystyle\sum_{n=1}^{\infty} a_n$ 이 수렴하고, 수열 $\{a_n\}$이 다음 조건을 만족시킨다.

(가) $a_1 + a_2 < 40$

(나) 수열 $\{a_n\}$의 정수인 항의 개수가 3이고, 이 세항의 곱이 1000 이다.

$\displaystyle\sum_{n=1}^{\infty} a_n$로 가능한 값 중에서 최댓값이 $\dfrac{q}{p}$일 때, $q-p$의 값을 구하시오. (단, p와 q는 서로소인 자연수이다.) [4점]

30. 실수 전체의 집합에서 미분가능한 함수 $f(x)$와 실수 전체의 집합에서 연속인 함수 $g(x)$는 모든 실수 x에 대하여

$$f(x) = \ln\left| \frac{g(x)}{2^x \ln 2 + 2^x f'(x)} \right|$$

를 만족시킨다.

$$\int_0^1 g(x)\,dx = 17\ln 4, \quad \int_0^1 2^x g(x)\,dx = 3\ln 4$$

일 때, $\displaystyle\int_0^1 4^x e^{f(x)}\,dx - \frac{2e^{f(1)}}{\ln 2}$ 의 값을 구하시오. [4점]

제2교시

수학 영역(기하)

5지선다형

23. 포물선 $y^2 = -16x$의 준선이 $x = k$일 때, 상수 k의 값은?

[2점]

① 1 ② 2 ③ 3 ④ 4 ⑤ 5

24. 좌표평면에서 다음 두 직선이 이루는 각의 크기를 θ라고 할 때, $\cos\theta$의 값은? $\left(\text{단, } 0 \le \theta \le \dfrac{\pi}{2}\right)$ [3점]

$$\frac{x-2}{3} = \frac{1-y}{4}, \ 3-x = \frac{1-y}{2}$$

① $\dfrac{\sqrt{5}}{5}$ ② $\dfrac{\sqrt{10}}{5}$ ③ $\dfrac{3\sqrt{5}}{10}$ ④ $\dfrac{2\sqrt{5}}{5}$ ⑤ $\dfrac{3\sqrt{10}}{10}$

25. 좌표공간의 두 점 $A(5, a, 3)$, $B(1, 2, b)$에 대하여 선분 AB를 $3:1$로 내분하는 점의 좌표가 $(2, 1, -3)$이다. $a+b$의 값은? (단, a, b는 상수이다.) [3점]

① -7 ② -5 ③ -3 ④ -1 ⑤ 1

26. 직육면체 $ABCD-EFGH$에서 $\overline{AB}=\overline{AE}=1$, $\overline{AD}=\sqrt{2}$일 때, 삼각형 BCD와 삼각형 BGD 가 이루는 각의 크기를 θ라 할 때, $\cos\theta$의 값은? [3점]

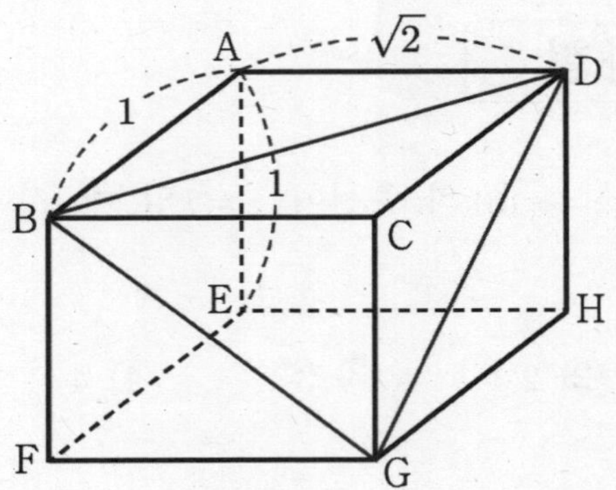

① $\dfrac{\sqrt{10}}{5}$ ② $\dfrac{\sqrt{10}}{6}$ ③ $\dfrac{\sqrt{10}}{7}$ ④ $\dfrac{\sqrt{10}}{8}$ ⑤ $\dfrac{\sqrt{10}}{9}$

27. 초점이 F인 포물선 $y^2=4x$ 위의 점 P와 원 $(x-a)^2+(y-1)^2=1$ 위의 점 Q에 대하여 $\overline{QP}+\overline{PF}$의 최솟값이 5일 때, 양의 상수 a의 값은? [3점]

① 4   ② 5   ③ 6   ④ 7   ⑤ 8

28. 좌표공간에 구 $S:x^2+y^2+z^2=48$과 구 밖의 두 점 $A(a,0,0)$, $B(0,b,0)$이 있다. 점 A에서 구 S에 그은 접선의 접점 P의 자취가 나타내는 도형을 C_1, 점 B에서 구 S에 그은 접선의 접점 Q의 자취가 나타내는 도형을 C_2라 하자.

도형 C_1, C_2는 서로 다른 두 점 N_1, N_2에서 만나고 $\overline{OP}$를 도형 C_1으로 정사영한 길이는 6으로 일정하다.

또, $\cos(\angle N_1 O N_2)=\dfrac{5}{8}$일 때, a와 b의 값의 곱은?

(단, O는 원점이다.) [4점]

① 128   ② 130   ③ 132   ④ 134   ⑤ 136

29. 그림과 같이 두 점 $F(4, 0), F'(-4, 0)$을 초점으로 하고 x축과 만나는 점을 각각 $A(a, 0), B(-a, 0)\ (a > 0)$로 하는 타원 $C : \dfrac{x^2}{a^2} + \dfrac{y^2}{b^2} = 1$이 있다. 점 $F(4, 0)$를 초점으로 하고 y축을 준선으로 하는 포물선이 타원 C와 만나는 점 중 제1사분면 위의 점을 P, 점 P의 원점 대칭인 점을 P′라 하자. 점 P에서 y축에 내린 수선의 발을 H라 할 때, $\overline{PH} : \overline{HF} = 1 : \sqrt{3}$이다. 삼각형 BP′P의 넓이가 $\dfrac{q}{p}(\sqrt{3} + \sqrt{21})$ 일 때, $p + q$의 값을 구하시오. (단, p와 q는 서로소인 자연수이다.) [4점]

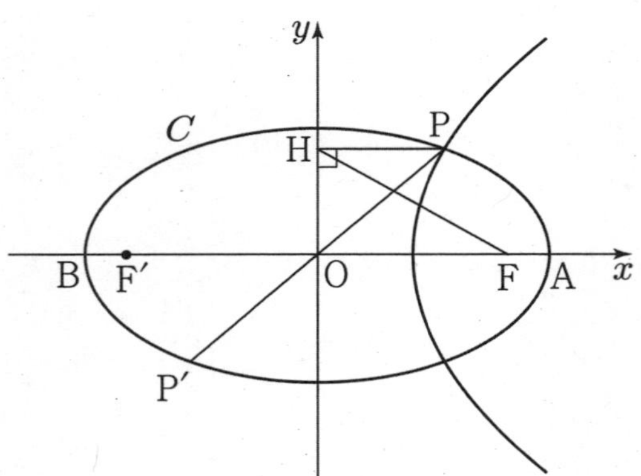

30. 평면 위에 $\overline{AB} = \overline{AC} = 5$, $\overline{BC} = 8$인 이등변삼각형 ABC의 내심 I에 대하여 $\overrightarrow{ID} = \dfrac{5}{4}\overrightarrow{IB} - \dfrac{1}{4}\overrightarrow{IC}$를 만족하는 점을 D라 하자. 선분 CD 위의 점 P에 대하여 $|5\overrightarrow{PA} + \overrightarrow{PD}|$의 값이 최소가 되도록 하는 점 P를 Q라 하자. $|\overrightarrow{AI}| : |\overrightarrow{IR}| = 5 : 4$를 만족시키는 점 R에 대하여 $\overrightarrow{AQ} \cdot \overrightarrow{AR}$의 최댓값이 $p + q\sqrt{10}$일 때, $(p + 4)q$의 값을 구하시오. (단, p, q는 유리수이다.) [4점]

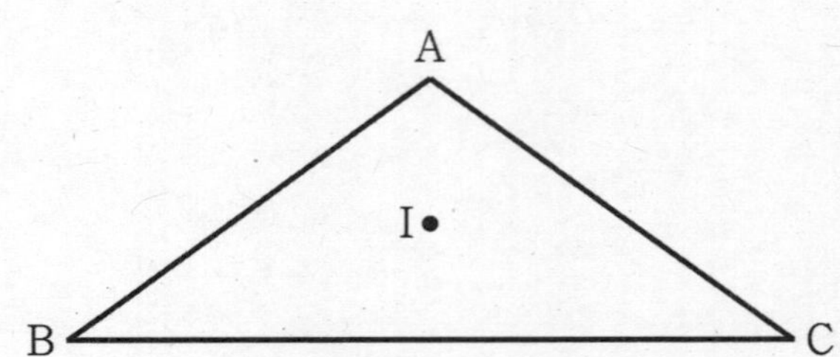

수능 대비 랑데뷰 싱크로율 99% 모의고사 3회

수학 영역

성명		수험 번호					—			

○ 문제지의 해당란에 성명과 수험번호를 정확히 쓰시오.

○ 답안지의 필적 확인란에 다음의 문구를 정자로 기재하시오.

2026학년도 11월 수능

○ 답안지의 해당란에 성명과 수험 번호를 쓰고, 또 수험 번호, 문형 (홀수/짝수), 답을 정확히 표시하시오.

○ 단답형 답의 숫자에 '0'이 포함되면 그 '0'도 답란에 반드시 표시하시오.

○ 문항에 따라 배점이 다르니, 각 물음의 끝에 표시된 배점을 참고하시오. 배점은 2점, 3점 또는 4점입니다.

○ 계산은 문제지의 여백을 활용하시오.

※ 공통 과목 및 자신이 선택한 과목의 문제지를 확인하고, 답을 정확히 표시하시오.

※ 시험이 시작되기 전까지 표지를 넘기지 마시오.

랑데뷰

제 2 교시

수학 영역

5지선다형

1. $\dfrac{3^{\sqrt{5}+2}}{3^{\sqrt{5}-2}}$ 의 값은? [2점]

① 1　　② 3　　③ 9　　④ 27　　⑤ 81

2. 함수 $f(x)=4x^3+ax^2+1$에 대하여 $\displaystyle\int_{-3}^{3} f(x)\,dx=24$일 때, $f(1)$의 값은? (단, a는 상수이다.) [2점]

① 3　　② 4　　③ 5　　④ 6　　⑤ 7

3. 두 수열 $\{a_n\}$, $\{b_n\}$이

$$\sum_{k=1}^{5}(a_k+1)=10, \quad \sum_{k=1}^{5}(b_k-2)=0$$

을 만족시킬 때, $\displaystyle\sum_{k=1}^{5}(a_k+b_k)$의 값은? [3점]

① 11　　② 12　　③ 13　　④ 14　　⑤ 15

4. 두 자연수 a, b에 대하여 함수

$$f(x)=\begin{cases} ax-2a+4 & (x<2) \\ x^b & (x\geq 2) \end{cases}$$

이 $x=2$에서 미분가능할 때, $a+b$의 값은? [3점]

① 3　　② 4　　③ 5　　④ 6　　⑤ 7

5. 다항함수 $f(x)$가 모든 실수 x에 대하여

$$\int_1^x f'(x)\,dx = (x-a)^3 + 8$$

을 만족시킬 때, $f(3)-f(1)$의 값은? (단, a는 상수이다.) [3점]

① 2   ② 4   ③ 6   ④ 8   ⑤ 10

6. $\dfrac{\pi}{2} < \theta < \pi$인 θ에 대하여 $\tan\theta - \dfrac{12}{\tan\theta} = 1$일 때, $\sin\theta + \cos\theta$의 값은? [3점]

① $-\dfrac{\sqrt{10}}{5}$ ② $-\dfrac{\sqrt{10}}{10}$ ③ $\dfrac{\sqrt{10}}{10}$ ④ $\dfrac{\sqrt{10}}{5}$ ⑤ $\dfrac{3\sqrt{10}}{10}$

7. 곡선 $y = 2x^3 - 2x^2 + 3x$와 직선 $y = 3x$로 둘러싸인 부분의 넓이는? [3점]

① $\dfrac{1}{12}$ ② $\dfrac{1}{6}$ ③ $\dfrac{1}{4}$ ④ $\dfrac{1}{3}$ ⑤ $\dfrac{5}{12}$

8. $\cos\theta - 2\sin\theta = 0$이고 $\sin\left(\dfrac{3\pi}{2}+\theta\right) > 0$일 때, $\sin\theta$의 값은? [3점]

① $\dfrac{\sqrt{5}}{5}$ ② $\dfrac{2\sqrt{5}}{5}$ ③ $-\dfrac{\sqrt{5}}{5}$ ④ $-\dfrac{2\sqrt{5}}{5}$ ⑤ $-\dfrac{\sqrt{5}}{3}$

9. 두 양수 a, b에 대하여 함수 $f(x)$를

$$f(x) = x^4 - 4ax^3 + 4a^2x^2 + b$$

라 하자. 두 직선 $y=\alpha$, $y=\alpha+1$가 곡선 $y=f(x)$에 접할 때, $f'(3)$의 값은? (단, α는 상수이다.) [4점]

① 20 ② 22 ③ 24 ④ 26 ⑤ 28

10. 상수 $a\,(a>1)$에 대하여 곡선 $y=\log_a(x+4)$ 위의 점 중 제1사분면에 있는 점 A를 지나고 x축에 평행한 직선이 y축과 만나는 점을 B라 하자. 선분 AB의 길이가 점 B의 y좌표의 2배와 같고, 삼각형 AOB의 넓이가 4일 때, a의 값은? (단, O는 원점이다.) [4점]

① $\sqrt{2}$ ② $\sqrt{3}$ ③ 2 ④ $\sqrt{5}$ ⑤ $\sqrt{6}$

11. 시각 $t=0$일 때 원점을 출발하여 수직선 위를 움직이는 점 P가 있다. 실수 k에 대하여 시각이 $t(t \geq 0)$일 때 점 P의 속도 $v(t)$가

$$v(t)=t^2-3t+k$$

이다. 보기에서 옳은 것만을 있는 대로 고른 것은? [4점]

<보 기>

ㄱ. $k \geq \dfrac{9}{4}$이면, 점 P는 운동 방향을 바꾸지 않는다.

ㄴ. 시각 $t=3$일 때, 점 P의 위치가 $\dfrac{9}{2}$이면 $k=3$이다.

ㄷ. $k=2$이면, 시각 $t=0$에서 $t=3$까지 점 P가 움직인 거리는 $\dfrac{11}{6}$이다.

① ㄱ　　　　② ㄴ　　　　③ ㄱ, ㄴ
④ ㄱ, ㄷ　　　⑤ ㄱ, ㄴ, ㄷ

12. 등비수열 $\{a_n\}$이

$$4 \times a_1 a_4 a_7 = a_2 a_5 a_8 = 4096$$

다음 조건을 만족시킬 때, $a_1 + a_6$의 값은? [4점]

① 29　　　② 31　　　③ 33　　　④ 35　　　⑤ 37

13. 함수 $f(x) = x^3 - 2x + 2$에 대하여 곡선 $y = f(x)$ 위의 점 $(1,1)$에서의 접선을 l이라 하고 함수

$$g(x) = \int_1^x (f(t) + tf'(t))\,dt$$

에 대하여 곡선 $y = g(x)$ 위의 점 $(1,0)$에서의 접선을 m이라 할 때, 두 직선 l, m과 y축으로 둘러싸인 부분의 넓이는? [4점]

① $\dfrac{3}{2}$ ② 2 ③ $\dfrac{5}{2}$ ④ 3 ⑤ $\dfrac{7}{2}$

14. 그림과 같이 $\overline{AB} = \sqrt{7}$, $\overline{BC} = 3$이고 $\angle ABC = \dfrac{\pi}{2}$인 직각삼각형 ABC가 있다. 선분 BC를 $2:1$로 내분하는 점을 P라 할 때, 점 C를 중심으로 하고 반지름의 길이가 $\overline{CP}$인 원이 선분 AC와 만나는 점을 D라 하자. 선분 PC위의 점 E에 대하여 세 점 A, D, E를 지나는 원의 중심 O가 선분 AB 위에 있다. 선분 PE의 길이는? [4점]

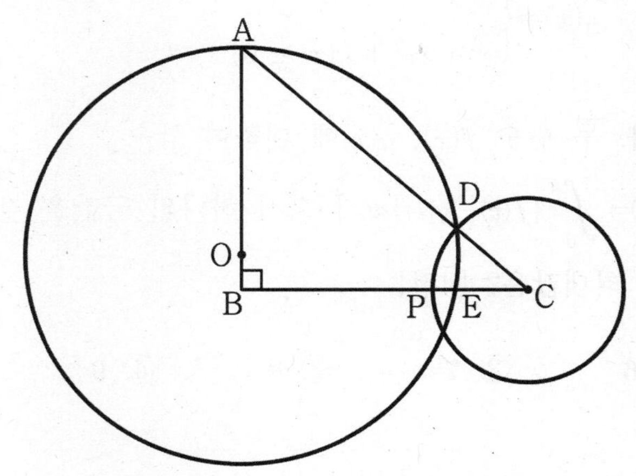

① $\sqrt{3} - 1$ ② $2 - \sqrt{3}$ ③ $\sqrt{5} - 2$
④ $\sqrt{6} - \sqrt{3}$ ⑤ $\sqrt{7} - \sqrt{5}$

15. 양수 a에 대하여 함수 $f(x)$가

$$f(x)=\begin{cases}2x^2+5x & (x<0)\\ ax & (x\geq 0)\end{cases}$$

이고 함수 $g(x)$가

$$g(x)=\begin{cases}-x & (x<0)\\ x^3+2x^2+4 & (x\geq 0)\end{cases}$$

이다. 두 함수 $f(x)$, $g(x)$에 대하여 함수

$h(x)=\displaystyle\int_0^x \{f(t)-g(t)\}dt$가 오직 하나의 극값을 갖도록 하는

a의 최댓값은? [4점]

① 6　　　② 7　　　③ 8　　　④ 9　　　⑤ 10

16. 다항함수 $f(x)$에 대하여 $f'(x)=3x^2-4x$이고 $f(1)=3$일 때, $f(2)$의 값을 구하시오. [3점]

17. 수열 $\{a_n\}$은 모든 자연수 n에 대하여

$$\sum_{k=1}^{n}\frac{a_k}{k+1}=n^2+3n$$

을 만족시킬 때, a_9의 값을 구하시오. [3점]

18. 실수 전체의 집합에서 연속인 함수

$$f(x)=\begin{cases} x-2 & (x \le 2) \\ ax^2+b & (x > 2) \end{cases}$$

가 $\int_0^3 f(x)dx > 10$을 만족시킬 때, 두 정수 a, b에 대하여 $|ab|$의 최솟값을 구하시오. [3점]

19. $-1 \le x \le 3$인 모든 실수 x에 대하여 부등식

$$-k \le \int_0^x 6(t+1)(t-2)dt \le k$$

가 성립하도록 하는 양수 k의 최솟값을 구하시오. [3점]

20. 수열 $\{a_n\}$이 다음 조건을 만족시킨다.

> (가) $a_1 = 4$, $a_3 = 60$
>
> (나) 2 이상의 자연수 n과 상수 k에 대하여
>
> $$3\sum_{k=1}^{n} a_k = 4a_n - 12n + k$$
>
> 이다.

다음은 $\sum_{n=1}^{5} a_n$의 값을 구하는 과정이다.

> 주어진 식 $3\sum_{k=1}^{n} a_k = 4a_n - 12n + k$ $(n \ge 2)$의 양변의 n에 $n-1$을 대입하면
>
> $$3\sum_{k=1}^{n-1} a_k = 4a_{n-1} - 12(n-1) + k \quad (n \ge 3)$$
>
> 이므로 $a_n = 4a_{n-1} + \boxed{\text{(가)}}$ $(n \ge 3)$이다.
>
> $n=3$을 대입해서 a_2의 값을 구하면 $a_2 = \boxed{}$이다.
>
> 따라서 $3\sum_{k=1}^{n} a_k = 4a_n - 12n + k$의 양변에 $n=2$을 대입하면
>
> $k = \boxed{\text{(나)}}$이다.
>
> 마지막으로 $n=5$일 때의 관계식을 사용하여 계산하면
>
> $$\therefore \sum_{n=1}^{5} a_n = \boxed{\text{(다)}}$$

위의 (가), (나), (다)에 알맞은 수를 각각 p, q, r라 할 때, $\dfrac{p \times r}{q}$의 값을 구하시오. [4점]

21. 최고차항의 계수가 양수인 삼차함수 $f(x)$와 실수 t에 대하여 함수

$$g(x)=\begin{cases} f(x) & (x < t) \\ -f(x) & (x \geq t) \end{cases}$$

는 실수 전체의 집합에서 연속이고 다음 조건을 만족시킨다.

(가) 모든 실수 a에 대하여 $\displaystyle\lim_{x \to a-} \frac{g(x)}{x^2-4x+3}$ 의 값이 존재한다.

(나) $\displaystyle\lim_{x \to m-} \frac{g(x)}{x^2-4x+3}$ 의 값이 양수가 되도록 하는 자연수 m의 집합은 $\left\{-\dfrac{35}{132}g(0),\, g(2)\right\}$ 이다.

$-\dfrac{g(8)}{20}$ 의 값을 구하시오. (단, $-\dfrac{35}{132}g(0) \neq g(2)$) [4점]

22. 곡선 $y=\log_9(27x+3)$ 위의 점 A와 곡선 $y=3^{6x-4}-\dfrac{1}{27}$ 위의 점 B가 다음 조건을 만족시킨다.

(가) 두 점 A, B는 모두 제1사분면에 있고 선분 AB의 중점의 좌표가 $\left(\dfrac{5}{18},\, \dfrac{29}{54}\right)$ 이다.

(나) 점 A를 직선 $y=x$에 대하여 대칭이동한 점을 A′라 할 때, 점 A′는 직선 OB위에 있다.

삼각형 AA′B의 넓이가 $\dfrac{q}{p}$ 일 때, $p+q$의 값을 구하시오. (단, O는 원점이고 p와 q는 서로소인 자연수이다.) [4점]

---

* 확인 사항

○ 답안지의 해당란에 필요한 내용을 정확히 기입(표기)했는지 확인하시오.

○ 이어서, 「선택과목(확률과 통계)」 문제가 제시되오니, 자신이 선택한 과목인지 확인하시오.

제 2 교시 수학 영역(확률과 통계)

5지선다형

23. 다항식 $\left(x^3+2\right)^5$의 전개식에서 x^6의 계수는? [2점]

① 80 ② 85 ③ 90 ④ 95 ⑤ 100

24. 동전 3개를 동시에 던질 때, 앞면이 나오는 동전의 개수가 1 이하일 확률은? [3점]

① $\dfrac{1}{8}$ ② $\dfrac{1}{4}$ ③ $\dfrac{3}{8}$ ④ $\dfrac{1}{2}$ ⑤ $\dfrac{5}{8}$

25. 두 양수 a, b에 대하여 이산확률변수 X의 확률분포를 표로 나타내면 다음과 같다.

X	-1	0	1	2	합계
$P(X=x)$	$\dfrac{1}{3}$	a	b	$\dfrac{1}{6}$	1

$E\left(\dfrac{1}{a}X\right)=3$일 때, $3a+b$의 값은? [3점]

① $\dfrac{1}{2}$ ② $\dfrac{7}{12}$ ③ $\dfrac{2}{3}$ ④ $\dfrac{3}{4}$ ⑤ $\dfrac{5}{6}$

26. 숫자 0, 0, 0, 0, 1, 1, 2, 2가 하나씩 적혀 있는 8장의 카드가 있다. 이 8장의 카드를 모두 한 번씩 사용하여 일렬로 나열할 때, 이웃한 두 카드에 적힌 수의 곱이 자연수인 경우가 존재하도록 나열하는 경우의 수는? (단, 같은 숫자가 적힌 카드끼리는 서로 구별하지 않는다.) [3점]

① 380   ② 390   ③ 400   ④ 410   ⑤ 420

27. 이산확률변수 X가 가지는 값이 0부터 4까지의 정수이고

$$P(X=x)=\begin{cases} a & (x=0) \\ \dfrac{3x-1}{16} & (x=1,\ 2,\ 3) \\ b & (x=4) \end{cases}$$

이고, $E(X)=\dfrac{21}{8}$일 때, $V\!\left(\dfrac{1}{a}X+\dfrac{1}{b}\right)$의 값은?

(단, a, b는 0이 아닌 상수이다.) [3점]

① 272　　② 276　　③ 280　　④ 284　　⑤ 288

28. 1부터 5까지의 자연수가 하나씩 적혀 있는 다섯 개의 빈 상자가 있다. 한 개의 주사위를 사용하여 다음 시행을 한다.

> 주사위를 한 번 던져 나온 눈의 수가 k일 때,
> k가 홀수이면 1, 3, 5가 적힌 상자에 공을 각각 1개씩 넣고,
> k가 2 또는 4이면 k의 약수가 적힌 상자에 공을 각각 1개씩 넣고, k가 6이면 어느 상자에도 공을 넣지 않는다.

이 시행을 3번 반복한 후 다섯 개의 상자에 들어 있는 모든 공의 개수의 합이 짝수일 때, 시행의 결과로 나온 눈의 수가 6인 경우가 단 한 번 있었을 확률은? [4점]

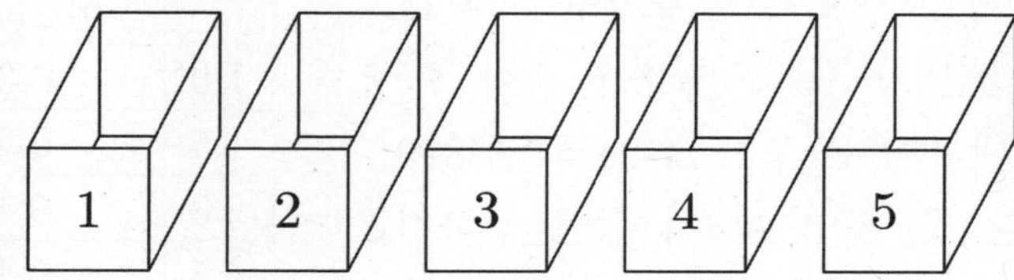

① $\dfrac{51}{104}$　　② $\dfrac{1}{2}$　　③ $\dfrac{53}{104}$　　④ $\dfrac{103}{216}$　　⑤ $\dfrac{13}{27}$

29. 6보다 작은 자연수 a에 대하여 한 개의 주사위와 두 개의 동전을 사용하여 다음 시행을 한다.

> 주사위를 한 번 던져
> 나온 눈의 수가 a보다 작거나 같으면
> 동전을 2번 던져 앞면이 1번 나온 횟수를 기록하고,
> 나온 눈의 수가 a보다 크면
> 동전을 2번 던져 앞면이 2번 나온 횟수를 기록한다.

이 시행을 3840번 반복하여 기록한 수가 1인 횟수를 확률변수 X라 하자. X에 대하여 $P(X \geq 1470) = 0.1587$이 성립할 때, 자연수 a의 값을 구하시오. [4점]

z	$P(0 \leq Z \leq z)$
1.0	0.341
1.5	0.433
2.0	0.477
2.5	0.494

30. 1부터 12까지의 자연수 n에 대하여, 다음 조건을 모두 만족시키는 수열 $\{a_n\}$의 개수를 S라 할 때, $\dfrac{S}{12}$의 값을 구하시오. [4점]

> (가) 모든 항 a_n은 0, 1, 2 중 하나이고 $\displaystyle\sum_{n=1}^{12} a_n = 9$이다.
>
> (나) $a_n = 1$인 n의 개수는 5 또는 6이다.
>
> (다) 11이하의 모든 자연수 p에 대하여 $a_p \times a_{p+1} \neq 2$이다.

제 2 교시

수학 영역(미적분)

5지선다형

23. $\lim\limits_{x \to \infty} \left(\dfrac{x+3}{x} \right)^{3x}$의 값은? [2점]

① e^3　② e^6　③ e^9　④ e^{12}　⑤ e^{15}

24. $0 < \alpha < \dfrac{\pi}{2}$인 실수 α에 대하여 $\sin\alpha = \dfrac{1}{3}$일 때,

$\displaystyle\int_0^\alpha \dfrac{1-\sin x}{\cos x}\,dx$의 값은? [3점]

① $\ln\dfrac{7}{6}$　② $\ln\dfrac{4}{3}$　③ $\ln\dfrac{3}{2}$　④ $\ln\dfrac{5}{3}$　⑤ $\ln\dfrac{11}{6}$

25. 공비가 실수인 등비수열 $\{a_n\}$에 대하여

$$\lim_{n \to \infty} \frac{3^n + a_{2n-1}}{3^n + a_{4n-1}} = 9$$

일 때, a_1의 값은? [3점]

① $-\dfrac{8\sqrt{3}}{9}$ 　② $-\sqrt{3}$ 　③ $-\dfrac{10\sqrt{3}}{9}$

④ $-\dfrac{11\sqrt{3}}{9}$ 　⑤ $-\dfrac{4\sqrt{3}}{3}$

26. 그림과 같이 곡선 $y = \ln x$와 세 직선 $y = 1$, $x = 1$로 둘러싸인 부분을 밑면으로 하고, x축에 수직인 평면으로 자른 단면이 모두 정삼각형인 입체의 부피는? [3점]

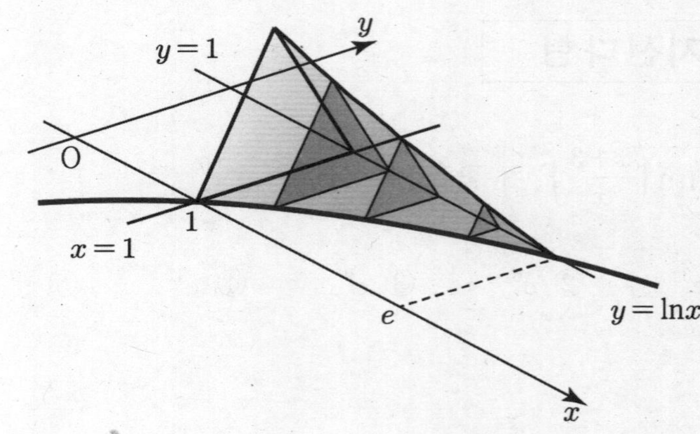

① $\dfrac{\sqrt{3}}{4}(e-2)$ 　② $\dfrac{\sqrt{3}}{2}(e-2)$ 　③ $\dfrac{\sqrt{3}}{2}(e-1)$

④ $\dfrac{\sqrt{3}}{4}(2e-5)$ 　⑤ $\dfrac{\sqrt{3}}{4}(3e-5)$

27. 매개변수 $t\,(t \geq 0)$로 나타내어진 곡선 C가 있다. 양수 k에 대하여

$$x = e^{kt}(\cos\pi t - 2\sin\pi t), \quad y = e^{kt}(2\cos\pi t + \sin\pi t)$$

이다. $t = 0$에서 원점 O와 곡선 위의 점 P를 잇는 직선과 점 P에서의 접선이 이루는 예각의 크기가 $\dfrac{\pi}{4}$일 때, $t = \dfrac{1}{2}$에서의 접선의 기울기는? (단, O는 원점이다.) [3점]

① $\dfrac{1}{3}$ ② $\dfrac{1}{4}$ ③ $\dfrac{1}{5}$ ④ $\dfrac{1}{6}$ ⑤ $\dfrac{1}{7}$

28. 함수

$$f(x) = 2x - \frac{1}{x+1}$$

와 양수 t에 대하여 점 $(s, f(s))\ (s > 0)$에서 y축에 내린 수선의 발을 H라 하고, 곡선 $y = f(x)$위의 점 $(s, f(s))$에서의 접선이 y축과 만나는 점을 A라 하자. $\overline{\text{AH}} = t$가 되도록 하는 s의 값을 $g(t)$라 하자. $\displaystyle\int_{\frac{9}{4}}^{\frac{38}{9}} g(t)dt$의 값은? [4점]

① $\dfrac{10}{3} - \ln\dfrac{4}{3}$ ② $\dfrac{121}{36} - \ln\dfrac{4}{3}$ ③ $\dfrac{119}{36} - \ln\dfrac{3}{2}$

④ $\dfrac{10}{3} - \ln\dfrac{3}{2}$ ⑤ $\dfrac{121}{36} - \ln\dfrac{3}{2}$

29. 첫째항과 공비가 같은 등비수열 $\{a_n\}$과 등차수열 $\{b_n\}$이 다음 조건을 만족시킨다.

> 어떤 자연수 k에 대하여
> $$b_{k+i} = a_{4-i} - i^3 \ (i = 1, 2, 3)$$
> 이다.

$b_3 = 1$일 때, $\displaystyle\sum_{n=1}^{\infty}\left(\dfrac{1}{a_n} + \dfrac{102}{b_n b_{n+1}}\right) = \dfrac{q}{p}$ 이다. $p+q$의 값을 구하시오. (단, p와 q는 서로소인 자연수이다.) [4점]

30. 실수 전체의 집합에서 증가하는 함수 $f(x)$의 역함수 $f^{-1}(x)$가 실수 전체의 집합에서 미분가능하고 다음 조건을 만족시킨다.

> (가) $|x| \leq 1$일 때,
> $$|f^{-1}(x)| = \left| x + 1 + (x-1)^2 \sin\left(\dfrac{\pi}{2}x\right) \right|$$ 이다.
> (나) $|x| > 1$일 때, $\left(f^{-1}(x)\right)^2 = (ax^3 + b)^2$ 또는
> $\left(f^{-1}(x)\right)^2 = (cx^3 + d)^2$이다.

실수 m에 대하여 기울기가 m이고 $(1, 0)$을 지나는 직선이 곡선 $y = f(x)$와 만나는 점의 개수를 $g(m)$이라 하자. 함수 $g(m)$이 $x = \alpha$, $x = \beta$, $x = \gamma$ $(\alpha < \beta < \gamma)$에서 불연속일 때,

$$\lim_{m \to (\alpha + \gamma)-} g(m) \times \beta \times (a+b+c+d) = \dfrac{p}{q + r\pi}$$ 이다. $p+q+r$의 값을 구하시오. (단, a, b, c, d는 0이 아닌 상수이고 p, q, r은 정수이다.) [4점]

제 2 교시

수학 영역(기하)

5지선다형

23. 포물선 $y^2 = 8x$ 위의 점 $(2, 4)$에서의 접선의 y절편은? [2점]

① 1 ② $\dfrac{4}{3}$ ③ $\dfrac{5}{3}$ ④ 2 ⑤ $\dfrac{7}{3}$

24. 좌표공간의 점 $P(1, 2, 3)$을 x축에 대하여 대칭이동한 점을 Q라 하고, 점 P를 xy평면에 대하여 대칭이동한 점을 R이라 하자. 삼각형 PQR의 넓이는? [3점]

① 6 ② 9 ③ 12 ④ 15 ⑤ 18

25. 두 벡터 $\vec{a}$, $\vec{b}$에 대하여

$$|\vec{a}|=3, \ |\vec{b}|=4, \ |\vec{a}-2\vec{b}|=7$$

일 때, $|\vec{a}+\vec{b}|$의 값은? [3점]

① $\sqrt{33}$　② $\sqrt{34}$　③ $\sqrt{35}$　④ 6　⑤ $\sqrt{37}$

26. 평면 위의 서로 다른 네 점 O, A, B, C에 대하여
$\overrightarrow{OA}=2\vec{a}-\vec{b}$, $\overrightarrow{OB}=-\vec{a}+3\vec{b}$, $\overrightarrow{OC}=5\vec{a}+k\vec{b}$일 때,
세 점 A, B, C가 한 직선 위에 있도록 하는 실수 k의 값은?
(단, 두 벡터 $\vec{a}$, $\vec{b}$는 영벡터가 아니고 서로 평행하지 않다.)

[3점]

① 5　② -5　③ 3　④ -3　⑤ 2

27. 그림과 같이 두 평면 α, β가 이루는 각의 크기는 $\dfrac{\pi}{4}$이고, 평면 α위에 $\angle A = \dfrac{\pi}{2}$, $\overline{BC}=2\sqrt{2}$인 직각이등변삼각형 ABC가 있다. 세 점 A, B, C의 평면 β위로의 정사영을 각각 A′, B′, C′이라 하자. $\overline{A'B'}=\sqrt{2}$일 때, $\overline{A'C'}$의 값은? [3점]

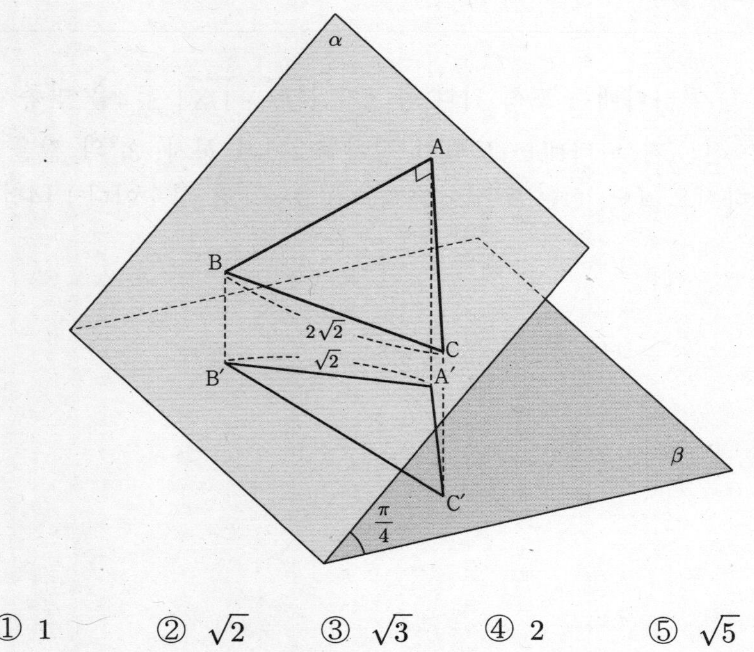

① 1　　② $\sqrt{2}$　　③ $\sqrt{3}$　　④ 2　　⑤ $\sqrt{5}$

28. 그림과 같이 중심 O이고, 반지름의 길이가 1인 구가 평면 α와 한 점 A에서만 만난다. 평면 α위의 점 A가 아닌 점 B를 지나고 평면 α와 이루는 각의 크기가 $\dfrac{\pi}{6}$인 직선이 구와 서로 다른 두 점 P, Q에서 만난다. 직선 OP는 평면 α와 평행한 평면 β에 포함되고 $\overline{AB}=\sqrt{6}$일 때, 삼각형 APQ의 평면 β위로의 정사영의 넓이는? [4점]

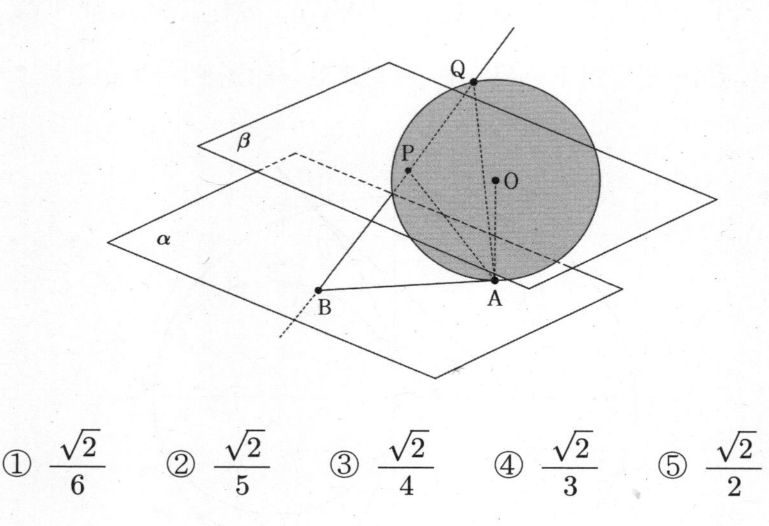

① $\dfrac{\sqrt{2}}{6}$　　② $\dfrac{\sqrt{2}}{5}$　　③ $\dfrac{\sqrt{2}}{4}$　　④ $\dfrac{\sqrt{2}}{3}$　　⑤ $\dfrac{\sqrt{2}}{2}$

[단답형]

29. 그림과 같이 두 초점이 F, F′인 타원 S와 꼭짓점이 O이고 초점이 F인 포물선 P가 제1사분면에서 만나는 점을 P라 하고 타원 S의 x축 위의 한 꼭짓점을 A라 할 때, 선분 OA를 지름으로 하는 원 C와 선분 PF의 교점을 Q라 하자.

$\angle FPF' = \theta$라 할 때, $\cos\theta = \dfrac{q}{p}$이다. $p+q$의 값을 구하시오. (단, O은 원점이고 p와 q는 서로소인 자연수이다.) [4점]

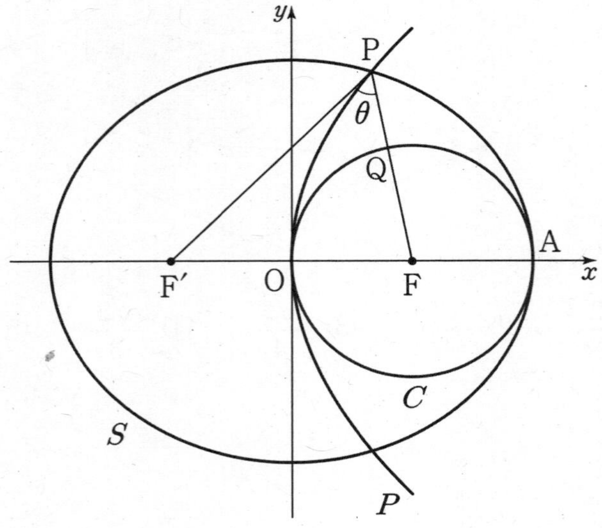

30. 좌표평면 위의 두 점 $A(-1, \sqrt{3})$, $B(-2, 0)$에 대하여 두 점 P, Q 가 다음 조건을 만족시킨다.

> (가) $|\overrightarrow{AP}| = 2$
> (나) $\overrightarrow{OP} = k\overrightarrow{OQ}$ 인 실수 k가 존재한다.
> (다) $\overrightarrow{OP} \cdot \overrightarrow{OQ} = -4$

점 Q가 나타내는 도형 위의 점 X가 $|\overrightarrow{OB} \cdot \overrightarrow{OX}| \le 4$을 만족시킬 때, 점 X가 나타내는 도형의 길이를 l이라 하자. $3l^2$의 값을 구하시오. (단, O는 원점이고 $k \ne 0$, $k \ne 1$인 상수이다.) [4점]

공통과목

1	②	2	③	3	②	4	③	5	②
6	④	7	⑤	8	①	9	⑤	10	③
11	②	12	③	13	④	14	③	15	⑤
16	21	17	8	18	92	19	7	20	152
21	16	22	6						

확률과통계

23	③	24	③	25	②	26	②	27	①
28	④	29	137	30	105				

미적분

23	④	24	④	25	①	26	②	27	⑤
28	④	29	50	30	6				

기하

23	①	24	⑤	25	③	26	⑤	27	③
28	⑤	29	60	30	274				

풀이

공통과목
[출제자 : 황보백T]

1) 정답 ②

$$\log_2 3 + \log_2\left(\frac{4}{3}\right) = \log_2 4 = 2$$

2) 정답 ③

$f'(x) = (3x^2 - 2)(x+1) + (x^3 - 2x)$이므로

$f'(1) = 1 \times 2 - 1 = 1$

3) 정답 ②

$\sin\theta + \cos\theta = 1$의 양변을 제곱하면

$\sin^2\theta + 2\sin\theta\cos\theta + \cos^2\theta = 1$

$1 + 2\sin\theta\cos\theta = 1$

$\sin\theta\cos\theta = 0$

$\sin^3\theta + \cos^3\theta$

$= (\sin\theta + \cos\theta)^3 - 3\sin\theta\cos\theta(\sin\theta + \cos\theta)$

$= (1)^3 - 3\times(0)\times(1)$

$= 1$

4) 정답 ③

$$\sum_{k=1}^{10} a_k + \sum_{k=1}^{10} b_k = (a_1 + a_2 + \cdots + a_{10}) + (b_1 + b_2 + \cdots + b_{10})$$

$$= \frac{10(a_1 + a_{10})}{2} + \frac{10(b_1 + b_{10})}{2}$$

$$= 5(a_1 + a_{10}) + 5(b_1 + b_{10})$$

$$= 5\{(a_1 + b_1) + (a_{10} + b_{10})\}$$

$$= 5(10 + 20) = 150$$

5) 정답 ②

함수 $f(x) = \log_{\frac{1}{2}}(3x+1) + 4$은 x의 값이 증가하면 $f(x)$의 값은

감소하므로 $1 \le x \le 5$에서 함수 $f(x)$의 최솟값은

$f(5) = \log_{\frac{1}{2}} 16 + 4 = \log_{\frac{1}{2}} 2^4 + 4 = -4 + 4 = 0$

함수 $f(x)$의 최댓값은

$f(1) = \log_{\frac{1}{2}} 4 + 4 = \log_{\frac{1}{2}} 2^2 + 4$

$\qquad = -2 + 4 = 2$

따라서 함수 $f(x)$의 최댓값과 최솟값의 합은

$0 + 2 = 2$

6) 정답 ④

극한값의 성질에 의하여

$\displaystyle\int_1^1 f(t)\,dt - f(1) = 0$이므로 $f(1) = 0$,

$$\lim_{x\to 1} \frac{\displaystyle\int_1^x f(t)\,dt - f(x)}{x^2 - 1}$$

$$= \lim_{x\to 1} \frac{\displaystyle\int_1^x f(t)\,dt}{x^2 - 1} - \lim_{x\to 1} \frac{f(x) - f(1)}{x^2 - 1}$$

$$= \frac{f(1)}{2 \cdot} - \frac{f'(1)}{2} = -1$$

$\therefore f'(1) = 2$

7) 정답 ⑤

$f(2) = 8 - 24 + 16 = 0$

$f(x) = x^3 - 12x + 16$에서 $f'(x) = 3x^2 - 12$이므로

$f'(2) = 12 - 12 = 0$

따라서 곡선 $y = f(x)$ 위의 점 $A(2, \, f(2))$에서의 접선의 방정식은 $y = 0$

이때 직선 $y = 0$와 곡선 $y = f(x)$의 교점의 x좌표는

$x^3 - 12x + 16 = 0, \ (x - 2)^2(x + 4) = 0$

$\therefore \ x = -4$ 또는 $x = 2$

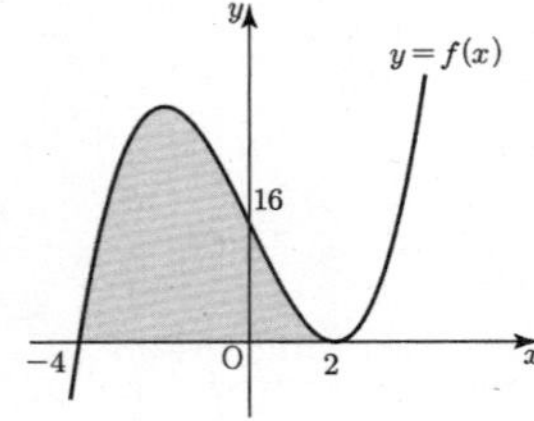

따라서 곡선 $y = f(x)$ 위의 점 $A(2, \, f(2))$에서의 접선과 곡선 $y = f(x)$로 둘러싸인 부분의 넓이는

$$\int_{-4}^{2}(x^3 - 12x + 16)dx = \left[\frac{1}{4}x^4 - 6x^2 + 16x\right]_{-4}^{2} = 108$$

[랑데뷰팁]

$y = (x-2)^2(x+4)$와 x축으로 둘러싸인 부분의 넓이 S

$$S = \frac{\{2-(-4)\}^4}{12} = 108$$

8) 정답 ①

$x + \dfrac{\pi}{4} = \dfrac{\pi}{2} + \left(x - \dfrac{\pi}{4}\right)$이므로

$\sin\left(x + \dfrac{\pi}{4}\right) = \sin\left\{\dfrac{\pi}{2} + \left(x - \dfrac{\pi}{4}\right)\right\} = \cos\left(x - \dfrac{\pi}{4}\right)$

$f(x) = \sin^2\left(x + \dfrac{\pi}{4}\right) + \sin\left(x - \dfrac{\pi}{4}\right) + 1$

$\quad\quad = \cos^2\left(x - \dfrac{\pi}{4}\right) + \sin\left(x - \dfrac{\pi}{4}\right) + 1$

$\quad\quad = 1 - \sin^2\left(x - \dfrac{\pi}{4}\right) + \sin\left(x - \dfrac{\pi}{4}\right) + 1$

$\quad\quad = -\left\{\sin\left(x - \dfrac{\pi}{4}\right) - \dfrac{1}{2}\right\}^2 + \dfrac{9}{4}$

$\quad\quad -1 \leq \sin\left(x - \dfrac{\pi}{4}\right) \leq 1$이므로

주어진 함수는 $\sin\left(x - \dfrac{\pi}{4}\right) = \dfrac{1}{2}$일 때

최댓값 $\dfrac{9}{4}$을 갖는다.

따라서 최댓값은 $\dfrac{9}{4}$

9) 정답 ⑤

[출제자 : 이호진T]
[검토자 : 오정화T]

$\displaystyle\int_{-2}^{2}(x+1)f(x)dx = 64 + \int_{-2}^{2}f(x)dx$ 에서

$\displaystyle\int_{-2}^{2}xf(x)dx = 64$이므로

$\displaystyle\int_{-2}^{2}(x^5 + ax^4)dx = 64$

$\left[\dfrac{2a}{5}x^5\right]_{0}^{2} = \dfrac{64}{5}a = 64$에서 $a = 5$

10) 정답 ③

[검토자 : 이지훈T]

세 점 A, B, C의 좌표는 다음과 같다.

$A(2, \, 0), \ B(0, \, \log_a 3), \ C(0, \, 1 - b^2)$

정삼각형 ABC의 높이 AO의 길이가 2이므로 정삼각형의

한 변의 길이 $\overline{BC} = \dfrac{4}{\sqrt{3}} = \dfrac{4\sqrt{3}}{3}$이다.

따라서 $\overline{OB} = \overline{OC} = \dfrac{2\sqrt{3}}{3}$이다.

$\log_a 3 = \dfrac{2\sqrt{3}}{3} \ \rightarrow \ a^{\frac{2\sqrt{3}}{3}} = 3 \ \rightarrow \ a^{2\sqrt{3}} = 27$

$b^2 - 1 = \dfrac{2\sqrt{3}}{3} \ \rightarrow \ b^2 = 1 + \dfrac{2\sqrt{3}}{3}$

그러므로 $a^{2\sqrt{3}} + b^2 = 28 + \dfrac{2\sqrt{3}}{3}$이다.

11) 정답 ②

[출제자 : 황보성호T]
[그림 : 강민구T]
[검토자 : 오정화T]

조건 (가)에서

(i) $v(4) = v(6)$인 경우

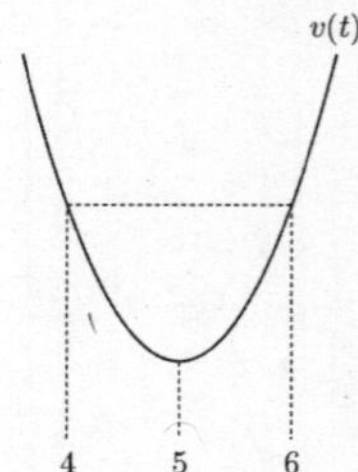

조건 (나)에서 $t = \dfrac{9}{2}$에서 가속도는 $v'\left(\dfrac{9}{2}\right)$이다.

즉, $v'\left(\dfrac{9}{2}\right) < 0$(가능)

(ii) $v(4)=v(5)$인 경우

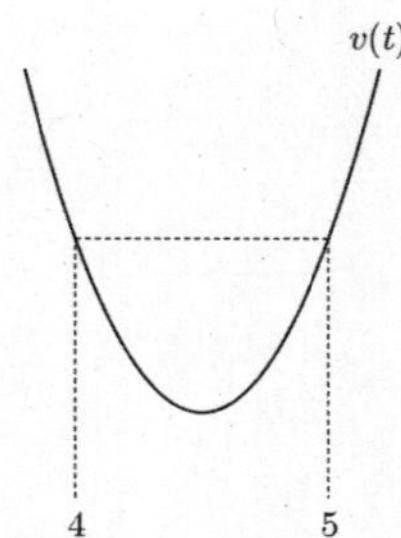

즉, $v'\left(\dfrac{9}{2}\right)=0$(불가능)

따라서 $v(t)=(t-4)(t-6)+v(4)$

가속도 $a(t)=v'(t)=1\cdot(t-6)+(t-4)\cdot1=2t-10$

$\therefore a(1)=2-10=-8$

12) 정답 ③

[출제자 : 강동회T]

[검토자 : 장세완T]

조건 (나)에서

$a_{n+1}=2a_n+1$ 또는 $a_{n+1}=a_n+2$

조건 (가)에서 $2a_1=a_3\ \cdots\ ㉠$

a_1에서 a_4까지 조건 (가), (나)를 만족하는 표를 그려보면

a_1	a_2	a_3	a_4
a_1	$2a_1+1$	$4a_1+3\cdots①$	$8a_1+7$
			$4a_1+5$
		$2a_1+2\cdots②$	x
			x
	a_1+2	$2a_1+5\cdots③$	x
			x
		$a_1+4\cdots④$	$2a_1+9$
			a_1+6

②, ③은 조건 (가)를 만족시키지 않는다.

①의 경우

$\quad 4a_1+3=2a_1$

$\quad a_1=-\dfrac{3}{2}$

따라서 $a_4=8a_1+7=-5$ 또는 $a_4=4a_1+5=-1$

④의 경우

$\quad a_1+4=2a_1$

$\quad a_1=4$

따라서 $a_4=2a_1+9=17$ 또는 $a_4=a_1+6=10$

모든 a_4의 값의 합은 $(-5)+(-1)+17+10=21$

13) 정답 ④

[출제자 : 김상호T]

[검토자 : 장세완T]

$h(x)=f(x)-g(x)$라 하면 $h(x)=4x^3-6x^2-16x$

$h(0)=0$이므로 $x\geq0$일 때 두 곡선 $y=f(x)$, $y=g(x)$는 $x=0$에서 만남을 알 수 있다.

(A의 넓이)$=$(B의 넓이)에 의하여 $\displaystyle\int_0^k h(x)\,dx=0$이다.

$$\int_0^k h(x)\,dx=\int_0^k(4x^3-6x^2-16x)\,dx$$
$$=\left[x^4-2x^3-8x^2\right]_0^k$$
$$=k^4-2k^2-8k^2$$
$$=k^2(k-4)(k+2)$$

따라서 $k=-2$ 또는 $k=0$ 또는 $k=4$일 때, $\displaystyle\int_0^k h(x)\,dx=0$이다.

$k>0$조건에 의해 $k=4$이다.

14) 정답 ③

삼각형 APC에서 사인 법칙에 의해

$$\dfrac{\overline{AP}}{\sin(\angle ACB)}=2R \to \overline{AP}=2R\sin(\angle ACB)$$

조건에서 $R\sin(\angle ACB)=\sqrt{3}$ 이므로 $\overline{AP}=2\sqrt{3}$

삼각형 APC에서 점 Q는 변 PC의 중점이므로 중선 정리에 의해

$\overline{AC}^2+\overline{AP}^2=2(\overline{AQ}^2+\overline{QC}^2)$이 성립하므로

주어진 값들을 대입하면

$$(\sqrt{15})^2+(2\sqrt{3})^2=2\left\{\left(\dfrac{5\sqrt{2}}{2}\right)^2+\overline{QC}^2\right\}$$

$$15+12=2\left(\dfrac{50}{4}+\overline{QC}^2\right)$$

$$27=25+2\overline{QC}^2$$

$2\overline{QC}^2=2\Rightarrow\overline{QC}^2=1$

길이는 양수이므로 $\overline{QC}=1$ 이다.

따라서 $\overline{PC}=2\overline{QC}=2$ 이고 점 P가 $\overline{BC}$의 중점이므로

$\overline{BC}=4$ 이다.

삼각형 APC의 세 변의 길이는

$\overline{AC}=\sqrt{15}$, $\overline{PC}=2$, $\overline{AP}=2\sqrt{3}$ 이다.

코사인 법칙을 적용하면

$$\cos(\angle ACB)=\dfrac{\overline{AC}^2+\overline{PC}^2-\overline{AP}^2}{2\times\overline{AC}\times\overline{PC}}$$

$$=\dfrac{15+4-12}{2\times\sqrt{15}\times2}=\dfrac{7}{4\sqrt{15}}$$

이제 삼각형 ABC에서 $\overline{AC}=\sqrt{15}$, $\overline{BC}=4$ 이므로

$$\overline{AB}^2=\overline{AC}^2+\overline{BC}^2-2\times\overline{AC}\times\overline{BC}\times\cos(\angle ACB)$$

$$=15+16-2\times\sqrt{15}\times4\times\dfrac{7}{4\sqrt{15}}$$

$$=31-14=17$$

따라서 $\overline{AB}=\sqrt{17}$이다.

15) 정답 ⑤

[출제자 : 김진성T]

[검토자 : 최현정T]

조건 (가)에서

$$\lim_{h \to 0+} \frac{g(a+h)-g(a-h)}{h} =$$

$$\lim_{h \to 0+} \left\{ \frac{g(a+h)-g(a)}{h} + \frac{g(a-h)-g(a)}{-h} \right\}$$

가 존재한다는 것은 함수 $g(x)$가 $x=a$에서
(좌미분계수+우미분계수)가 존재한다는 것이므로 $x=a$에서
연속일 때이다. 한편, $y=2f(1)-f(x)$는 $y=f(x)$를 $y=f(1)$에
대하여 대칭이동시킨 함수를 의미하고 $|x|>1$에서 $y=f(x)$와
$|x| \le 1$에서 $y=2f(1)-f(x)$가 연속이 되기 위해서는
$f(-1)=f(1)$이 되어야 하므로 $f(x)=a(x+1)(x-1)(x-b)+f(1)$
이라 할 수 있다.

첫째, $|x| \le 1$에서 극대, 극소를 모두 갖는 경우 극댓값이
$f(-1)=f(1)$이 되어서 0이 아닌 값을 가지므로 조건 (나)에
모순이다.

둘째, $|x| \le 1$에서 $y=f(x)$가 극대만 갖는 경우는 $y=f(1)$에
대칭시키면 $y=g(x)$는 극댓값 $f(-1)=f(1)$을 갖는데 0이 아닌
값이 되어 모순이다.

셋째, $|x| \le 1$에서 $y=f(x)$가 극소만 갖는 경우는 $x < -1$에서
$y=f(x)$가 극댓값으로 0을 갖고, $|x| \le 1$에서 $y=2f(1)-f(x)$가
극댓값으로 0을 가지면 된다.

따라서 삼차함수 비율관계에 의해서 $b=-3$이고,
$f(x)=a(x+1)(x-1)(x+3)+f(1)$과 $f'(1)=8$에서
$a=1$을 얻을 수 있으므로
$f(3)-f(1)=1 \times (3+1) \times (3-1) \times (3+3)=48$이다.

16) 정답 21

등차수열 $\{a_n\}$의 공차를 d라 하면

$a_{11}-a_7=4d$이므로

$4d=12$, $d=3$

따라서

$a_6=a_1+5d=6+5 \times 3=21$

17) 정답 8

$$\lim_{x \to 2} \frac{x^3-4x}{x-2} = \lim_{x \to 2} \frac{x(x-2)(x+2)}{x-2}$$

$$= \lim_{x \to 2} x(x+2) = 2 \times 4 = 8$$

18) 정답 92

$a_n=3n^2-n+4$이므로

$$\sum_{n=1}^{8}(a_n-2n^2-3n) = \sum_{n=1}^{8}(n^2-4n+4) = \sum_{n=1}^{8}(n-2)^2 = 1 + \sum_{k=1}^{6}k^2$$

$$= 1 + \frac{6 \times 7 \times 13}{6} = 92$$

19) 정답 7

$f'(x)=x^2-ax=x(x-a)$

$f'(x)=0$의 두 실근이 $x=0$, $x=a$이다.

증감표에서 함수 $f(x)$는

$x=0$에서 극댓값 $f(0)=b$

$x=a$에서 극솟값 $f(a)=\dfrac{a^3}{3}-\dfrac{a^3}{2}+b=-\dfrac{a^3}{6}+b$

를 갖는다.

두 극값의 차는 $\dfrac{a^3}{6}$이므로

$$\frac{a^3}{6}=36 \ \rightarrow \ a=6$$

$f(x)=\dfrac{1}{3}x^3-3x^2+b$

$f'(x)=x^2-6x$

$f'(-1)=1+6=7$

20) 정답 152

방정식 $f(x)=x$의 모든 실근은 0, 2이므로
방정식 $f(f(x))=f(x)$의 실근을 구하는 것은
$f(x)$가 0 또는 2일 때이다.
따라서 방정식 $f(x) \times \{f(x)-2\}=0$의 실근을 구하는 것과 같다.

$0 \le x < 4$일 때, 방정식 $f(x) \times \{f(x)-2\}=0$의 모든 실근은

$f(x)=0$일 때는 0, 3

$f(x)=2$일 때는 $2-\sqrt{3}$, 2, $2+\sqrt{3}$

이므로

0, $2-\sqrt{3}$, 　(가) 2　, 3, $2+\sqrt{3}$이고

정수인 근은 0, 　(가) 2　, 3이므로

$a_1=0$, $a_2=$ 　(가) 2　, $a_3=3$

이다. 또한 모든 실수 x에 대하여 $f(x+4)=f(x)$이므로
세 수열 $\{a_{3n-2}\}$, $\{a_{3n-1}\}$, $\{a_{3n}\}$은
공차가 모두 　(나) 4　인 등차수열이다.

수열 $\{a_{3n-2}\}$은 첫째항이 0이므로 $a_{3n-2}=4n-4$

수열 $\{a_{3n-1}\}$은 첫째항이 2이므로 $a_{3n-1}=4n-2$

수열 $\{a_{3n}\}$은 첫째항이 3이므로 $a_{3n}=4n-1$

이다.

(i) $n=3k$(k는 자연수)라 하면

$$a_n = a_{3k} = 4k-1$$
$$a_{n+2} = a_{3k+2} = 4(k+1)-2 = 4k+2$$
$$a_{n+4} = a_{3k+4} = 4(k+2)-4 = 4k+4$$

이므로 $a_n + a_{n+2} + a_{n+4} = 12k+5 = 81$이지만
자연수 k는 존재하지 않는다.

(ii) $n=3k-1$(k는 자연수)라 하면

$$a_n = a_{3k-1} = 4k-2$$
$$a_{n+2} = a_{3k+1} = 4(k+1)-4 = 4k$$
$$a_{n+4} = a_{3k+3} = 4(k+1)-1 = 4k+3$$

이므로 $a_n + a_{n+2} + a_{n+4} = 12k+1 = 81$이지만
자연수 k는 존재하지 않는다.

(iii) $n=3k-2$(k는 자연수)라 하면

$$a_n = a_{3k-2} = 4k-4$$
$$a_{n+2} = a_{3k} = 4k-1$$
$$a_{n+4} = a_{3k+2} = 4(k+1)-2 = 4k+2$$

이므로 $a_n + a_{n+2} + a_{n+4} = 12k-3 = 81$, $12k=84$이므로 $k=7$
이고 $n=19$이다.

(i), (ii), (iii)에서 $a_n + a_{n+2} + a_{n+4} = 81$일 때,
$n=\boxed{(\text{다})\ 19}$이다.
$p=2$, $q=4$, $r=19$이므로 $p \times q \times r = 152$이다.

21) 정답 16

(가)에서 $\displaystyle\lim_{x \to a} \dfrac{1}{f(x)}$ 값이 존재하지 않으려면
분모 $f(a)=0$이어야 한다.
삼차함수 $f(x)$의 근이 $x=1$, $x=2$뿐이므로, 둘 중 하나는 중근
이어야 한다.
즉, $f(x)=(x-1)(x-2)^2$ 또는 $f(x)=(x-1)^2(x-2)$이다.
$h(x)=g(x)|f(x)|$라 할 때, 함수 $h(x)$가 실수 전체에서 미분가능
해야 한다.

(i) $f(x)=(x-1)^2(x-2)$일 때,
함수 $|f(x)|$는 $x=1$에서 미분가능하지 않으므로 곱함수
$h(x)$가 미분가능하려면 반드시 $g(1)=0$이어야 한다.
$g(1)=6$이므로 모순이다.

(ii) $f(x)=(x-1)^2(x-2)$일 때,
함수 $|f(x)|$는 $x=2$에서 미분가능하지 않으므로 곱함수
$h(x)$가 미분가능하려면 반드시 $g(2)=0$이어야 한다.
$f(x)=(x-1)^2(x-2)$이고 $g(2)=0$이므로 $g(x)=(x-2)Q(x)$
꼴이다.

$$\lim_{x \to 2} \frac{f(x)}{g(x)} = \lim_{x \to 2} \frac{(x-1)^2(x-2)}{g(x)} = \frac{1}{4}$$에서

$x \to 2$일 때 분자 $(x-2)$가 하나 약분되어야 극한값이 0이 아닌
$\dfrac{1}{4}$이 될 수 있다.

따라서 $g(x)$는 $(x-2)$를 인수로 정확히 하나만 가진다.
$g(x)=(x-2)(x^2+ax+b)$라 하면

$$\lim_{x \to 2} \frac{f(x)}{g(x)} = \lim_{x \to 2} \frac{(x-1)^2(x-2)}{(x-2)(x^2+ax+b)} = \frac{1}{4+2a+b} = \frac{1}{4}$$

$2a+b=0$에서 $b=-2a$이다.
따라서 $g(x)=(x-2)(x^2+ax-2a)$이다.
$g(1)=6$에서
$$g(1)=(1-2)(1+a-2a)=a-1=6$$
$$\therefore\ a=7$$
따라서 $g(x)=(x-2)(x^2+7x-14)$이고 $g(3)=9+21-14=16$이다.

22) 정답 6

$$a^x - k = k(a^{-x}+1) - \frac{1}{2}$$
$$a^x - 2k + \frac{1}{2} - \frac{k}{a^x} = 0$$
$$a^{2x} + \left(-2k+\frac{1}{2}\right)a^x - k = 0$$
$$\left(a^x - 2k\right)\left(a^x + \frac{1}{2}\right) = 0$$
$$\therefore\ a^x = 2k\ \to\ x = \log_a 2k$$

A$(\log_a 2k,\ k)$이고 점 A는 곡선 $y=\dfrac{a^x}{2}$ 위의 점이기도 하다.

직선 AB의 기울기가 -1이고 곡선 $y=\dfrac{a^{x-3}}{2}-3$은 곡선

$y=\dfrac{a^x}{2}$를 x축의 방향으로 3만큼, y축의 방향으로 -3만큼

평행이동한 그래프이므로 점 B는 점 A를 x축의 방향으로 3만큼,
y축의 방향으로 -3만큼 평행이동한 점이다.
$$\therefore\ \overline{AB} = 3\sqrt{2}$$
점 A를 지나고 기울기가 -1인 직선의 방정식은
$$y = -(x-\log_a 2k) + k = -x + \log_a 2k + k$$
따라서
$$\overline{OH} = \frac{|-\log_a 2k - k|}{\sqrt{2}} = \frac{\log_a 2k + k}{\sqrt{2}}\quad \left(\because k > \frac{a}{2}\right)$$
$$\overline{OH} = \overline{AB}\ \to\ \frac{\log_a 2k + k}{\sqrt{2}} = 3\sqrt{2}$$
$$\log_a 2k + k = 6$$

확률과통계
[출제자:황보백T]

23) 정답 ③

천의 자리에 올 수 있는 수의 개수는 3이고, 백의 자리와 십의
자리, 그리고 일의 자리에 올 수 있는 수의 개수는

$_4\Pi_3 = 4^3 = 64$이므로

곱의 법칙에 의하여 구하는 경우의 수는

$3 \times 64 = 192$

24) 정답 ③

두 사건 A, B가 서로 배반사건이면

$P(A \cup B) = P(A) + P(B)$이므로 $\dfrac{2}{3} = P(A) + \dfrac{1}{2}$이다.

따라서 $P(A) = \dfrac{1}{6}$

25) 정답 ②

$\left(x^2 + \dfrac{a}{x}\right)^3$의 일반항은

$_3C_r\left(x^2\right)^r(a)^{3-r}\left(x^{-1}\right)^{3-r} = {_3C_r}\, a^{3-r}\, x^{3r-3}$

따라서

$r = 1$일 때, $x \times {_3C_1}\, a^2 = 3a^2 x$

$r = 2$일 때, $-\dfrac{1}{x^2} \times {_3C_2}\, a x^3 = -3ax$

x의 계수는 $3a^2 - 3a$이다.

$3a^2 - 3a = 6 \ \Rightarrow\ a^2 - a - 2 = 0 \ \Rightarrow\ (a+1)(a-2) = 0$

$a > 0$이므로 $a = 2$이다.

26) 정답 ②

(i) 첫 번째로 꺼낸 공과 두 번째로 꺼낸 공이 모두 검은 공일 확률

$\dfrac{4}{9} \times \dfrac{3}{8} = \dfrac{1}{6}$

(ii) 첫 번째로 꺼낸 공과 두 번째로 꺼낸 공이 모두 흰 공일 확률

$\dfrac{5}{9} \times \dfrac{4}{8} = \dfrac{5}{18}$

(i), (ii)에서

$\dfrac{1}{6} + \dfrac{5}{18} = \dfrac{3+5}{18} = \dfrac{4}{9}$

[다른 풀이]

여사건의 확률을 이용하자.

$1 - \left(\dfrac{4}{9} \times \dfrac{5}{8} + \dfrac{5}{9} \times \dfrac{4}{8}\right)$

$= 1 - \dfrac{5}{9} = \dfrac{4}{9}$

27) 정답 ①

(i) 여학생 1명, 남학생 4명을 선발하여 앉히는 경우

선발 방법 : $_3C_1 \times {_5C_4} = 3 \times 5 = 15$

앉히는 방법 : 여학생이 1명뿐이므로 원탁에 앉히는 모든
방법에서 여학생끼리 이웃하는 경우는 발생하지 않는다. 서로
다른 5명을 원형으로 배열하는 방법의 수는 $(5-1)! = 4!$이다.

경우의 수 : $15 \times 24 = 360$

(ii) 여학생 2명, 남학생 3명을 선발하여 앉히는 경우

선발 방법 : $_3C_2 \times {_5C_3} = 3 \times 10 = 30$

앉히는 방법 : 여학생끼리 이웃하지 않아야 하므로 남학생
3명을 먼저 원형으로 배열한 후, 그 사이의 자리에 여학생을
배치한다.

남학생 3명을 원형으로 배열하는 방법 : $(3-1)! = 2!$

남학생들 사이의 공간 (3곳) 중 2곳을 택해 여학생 2명을
배치하는 방법 : $_3P_2 = 3 \times 2 = 6$

경우의 수 : $30 \times (2 \times 6) = 30 \times 12 = 360$

(iii) 여학생 3명, 남학생 2명을 선발하여 앉히는 경우

선발 방법 : $_3C_3 \times {_5C_2} = 1 \times 10 = 10$

앉히는 방법 : 남학생 2명을 먼저 원형으로 배열하면
$(2-1)! = 1$가지이며 생기는 빈 공간은 2곳이다. 여학생 3명을
이웃하지 않게 앉히려면 최소 3개의 빈 공간이 필요하지만 공간이
2곳뿐이므로 어떠한 경우에도 여학생끼리 이웃하게 된다.

경우의 수 : 0

모든 경우의 수를 합산하면 다음과 같다.

$360 + 360 + 0 = 720$

28) 정답 ④

[출제자 : 강동희T]

[검토자 : 김영식T]

이 시행을 4번 반복한 후 상자 B에 들어 있는 공의 개수가
홀수인 사건을 X, 상자 C에 들어 있는 공의 개수가 상자 A에
들어 있는 공의 개수보다 많은 사건을 Y 라 하면 구하는 확률은
$P(Y|X)$이다.

주사위를 던졌을 때 6의 약수가 나올 확률은 $\dfrac{2}{3}$, 나오지 않을

확률은 $\dfrac{1}{3}$이다.

이 시행을 4번 반복할 때 6의 약수가 나온 횟수를 m이라 하고
6의 약수가 나오지 않은 횟수는 n이라 하면 $m + n = 4$이다.

이 시행을 4번 반복한 후 상자 B에 들어 있는 공의 개수가
홀수이려면 m이 홀수이어야한다.

즉 $m = 1$, $n = 3$ 또는 $m = 3$, $n = 1$

$P(X) = {_4C_1}\left(\dfrac{2}{3}\right)^1\left(\dfrac{1}{3}\right)^3 + {_4C_3}\left(\dfrac{2}{3}\right)^3\left(\dfrac{1}{3}\right)^1$

$\qquad = \dfrac{8}{81} + \dfrac{32}{81} = \dfrac{40}{81}$

$m=1$, $n=3$일 때 상자 A에 들어가는 공의 개수는 10개,
상자 C에 들어가는 공의 개수는 3개다.
$m=3$, $n=1$일 때 상자 A에 들어가는 공의 개수는 6개,
상자 C에 들어가는 공의 개수는 7개다.
그러므로 사건 $X \cap Y$는 $m=3$, $n=1$일 때이고

$$P(X \cap Y) = {}_4C_3 \left(\frac{2}{3}\right)^3 \left(\frac{1}{3}\right)^1 = \frac{32}{81}$$

따라서 구하는 확률은

$$P(Y|X) = \frac{P(X \cap Y)}{P(X)}$$

$$= \frac{\frac{32}{81}}{\frac{40}{81}} = \frac{4}{5}$$

29) 정답 137

[출제자 : 김상호T]

[검토자 : 서영만T]

ⅰ) $ab=12$

$\quad$ (2, 6), (3, 4), (4, 3), (6, 2)

$\quad$ 이므로 $\dfrac{4 \times 6}{6 \times 6 \times 6} = \dfrac{1}{9}$

ⅱ) $b \le c$

$\quad {}_6H_2 = {}_7C_2 = 21$

$\quad$ 이므로 $\dfrac{21 \times 6}{6 \times 6 \times 6} = \dfrac{7}{12}$

ⅲ) $ab=12$이고 $b \le c$인 경우

a	b	c
2	6	6
3	4	4 ~ 6
4	3	3 ~ 6
6	2	2 ~ 6

$\quad$ 이므로 $\dfrac{1+3+4+5}{6 \times 6 \times 6} = \dfrac{13}{216}$

ⅰ) ~ ⅲ)에 의하여 $ab=12$ 또는 $b \le c$일 확률

$$k = \frac{1}{9} + \frac{7}{12} - \frac{13}{216} = \frac{137}{216}$$

$$\therefore 216k = 137$$

30) 정답 105

[출제자 : 김수T]

[검토자 : 서영만T]

조건 (가)의 x에 1, 2, 3, 4를 각각 대입하면

$f(2)+1 \le f(1)+3$

$f(3)+2 \le f(2)+3$

$f(4)+3 \le f(3)+3$

$f(5)+4 \le f(4)+3$

이므로

$1 \le f(2) \le f(1)+2$,

$f(5)+1 \le f(4) \le f(3) \le f(2)+1$

조건 (나)에서 $f(2)$의 값은 4의 약수이므로

$f(2)$의 값은 1 또는 2 또는 4

(i) $f(2)=1$인 경우

$\quad 1 \le f(1)$

$\quad f(5)+1 \le f(4) \le f(3) \le 2$

$\quad$ 이므로 $f(1)$의 값을 정하는 경우의 수는 5

$\quad f(3)$, $f(4)$, $f(5)+1$의 값을 정하는 경우의 수는

$\quad$ 1, 2, 중에서 중복을 허락하여 3개를 선택하는 경우에서

$\quad f(5)=1$, $f(3)=f(4)=2$ 의 경우만 가능하므로

$\quad$ 따라서 이 경우의 함수 f의 개수는

$\quad 5 \times 1 = 5$

(ii) $f(2)=2$인 경우

$\quad 1 \le f(1) \le 5$,

$\quad f(5)+1 \le f(4) \le f(3) \le 3$

$\quad$ 이므로 $f(1)$의 값을 정하는 경우의 수는 5

$\quad f(3)$, $f(4)$, $f(5)+1$의 값을 정하는 경우의 수는

$\quad f(5) < f(4) \le f(3) \le 3$

$\quad$ 1, 2, 3 중에서 중복을 허락하여 3개를 선택하는

$\quad$ 중복조합의 수에서 $f(5)=f(4)$인 경우를 빼는 경우와

$\quad$ 같으므로

$\quad {}_3H_3 - {}_3H_2 = {}_5C_3 - {}_4C_2 = 4$

$\quad$ 따라서 이 경우의 함수 f의 개수는

$\quad 5 \times 4 = 20$

(iii) $f(2)=4$인 경우

$\quad 2 \le f(1) \le 5$,

$\quad f(5)+1 \le f(4) \le f(3) \le 5$

$\quad$ 이므로 $f(1)$의 값을 정하는 경우의 수는 4

$\quad f(3)$, $f(4)$, $f(5)+1$의 값을 정하는 경우의 수는

$\quad f(5) < f(4) \le f(3) \le 5$

$\quad$ 1, 2, 3, 4, 5 중에서 중복을 허락하여 3개를 선택하는

$\quad$ 중복조합의 수에서 $f(5)=f(4)$인 경우를 빼는 경우와

$\quad$ 같으므로

$\quad {}_5H_3 - {}_5H_2 = {}_7C_3 - {}_6C_2 = 20$

$\quad$ 따라서 이 경우의 함수 f의 개수는

$\quad 4 \times 20 = 80$

(i), (ii), (iii)에서 구하는 함수 f의 개수는

$5 + 20 + 80 = 105$

미적분

[출제자:황보백T]

23) 정답 ④

$$f'(x) = \frac{-2x}{(x^2+1)^2}$$

$$\therefore\ f'(1) = -\frac{1}{2}$$

24) 정답 ④

$x + 2y + \sin(xy) = 2$의 양변을 x에 대하여 미분하면

$$1 + 2\frac{dy}{dx} + \cos(xy)\left(y + x\frac{dy}{dx}\right) = 0$$

$x = 2,\ y = 0$를 대입하면

$$1 + 2\frac{dy}{dx} + 1 \times \left(0 + 2\frac{dy}{dx}\right) = 0$$

$$\frac{dy}{dx} = -\frac{1}{4}$$

$$y = -\frac{1}{4}(x-2) = -\frac{1}{4}x + \frac{1}{2}$$

25) 정답 ①

급수 $\displaystyle\sum_{n=2}^{\infty}\left(\frac{a-n}{n+1} + \frac{n-3}{an-a}\right)$이 수렴하므로

$$\lim_{n\to\infty}\left(\frac{a-n}{n+1} + \frac{n-3}{an-a}\right) = 0 \to -1 + \frac{1}{a} = 0 \to \therefore\ a = 1$$

$$\sum_{n=2}^{\infty}\left(\frac{1-n}{n+1} + \frac{n-3}{n-1}\right)$$

$$= \sum_{n=2}^{\infty}\left\{\frac{-n^2+2n-1+n^2-2n-3}{(n-1)(n+1)}\right\}$$

$$= \sum_{n=2}^{\infty}\left\{\frac{-4}{(n-1)(n+1)}\right\}$$

$$= -2\sum_{n=2}^{\infty}\left(\frac{1}{n-1} - \frac{1}{n+1}\right)$$

$$= -2\left(1 + \frac{1}{2}\right)$$

$$= -3$$

$$\therefore\ b = -3$$

$$a^2 + b^2 = 1 + 9 = 10$$

26) 정답 ②

$f(g(x)) = x$에서 양변 미분하면

$$f'(g(x))g'(x) = 1$$

$x = a$를 대입하면 $f'(g(a)) = \dfrac{1}{g'(a)} = \ln 2$

$f(x) = 4^x - 2^x + 2$에서

$f'(x) = 2\ln 2 \times 4^x - \ln 2 \times 2^x$에서 $x = g(a)$를 대입하면

$$2\ln 2 \times 2^{2x} - \ln 2 \times 2^x = \ln 2$$

$$2 \times 2^{2x} - 2^x - 1 = 0$$

$$(2^x - 1)(2 \times 2^x + 1) = 0$$

$$\therefore\ 2^x = 1$$

$$x = g(a) = 0$$

$f(0) = a$에서 $a = 1 - 1 + 2 = 2$이다.

따라서 $af'(g(a)) = 2\ln 2$

27) 정답 ⑤

반원의 지름 $\overline{AB} = 2$이므로 반지름 $r = 1$이다.

원주각의 성질에 의해 $\angle APB = \dfrac{\pi}{2}$이므로 직각삼각형 ABP에서

$$\overline{AP} = 2\cos\theta$$

점 P에서 선분 AB에 내린 수선의 발을 H라 하면

높이 $h = \overline{AP}\sin\theta = 2\cos\theta\sin\theta = \sin(2\theta)$이다.

사다리꼴 ABQP는 등변사다리꼴이므로 $\overline{AB}//\overline{PQ}$이고,

대칭성에 의해

$$\overline{PQ} = \overline{AB} - 2\overline{AH} = 2 - 2(\overline{AP}\cos\theta) = 2 - 4\cos^2\theta$$

$2\cos^2\theta - 1 = \cos(2\theta)$이므로

$$\overline{PQ} = -2(2\cos^2\theta - 1) = -2\cos(2\theta)$$

(단, $\dfrac{\pi}{4} < \theta < \dfrac{\pi}{2}$이므로 $\cos(2\theta) < 0$이어 길이는 양수이다.)

사다리꼴의 넓이 $f(\theta)$는

$$f(\theta) = \frac{1}{2}(\overline{AB} + \overline{PQ}) \times h = \frac{1}{2}(2 - 2\cos(2\theta))\sin(2\theta)$$

$$= (1 - \cos(2\theta))\sin(2\theta) = \sin(2\theta) - \frac{1}{2}\sin(4\theta)$$

미분하면,

$$f'(\theta) = 2\cos(2\theta) - 2\cos(4\theta)$$

$f(\theta)$가 최대가 되기 위해 $f'(\theta) = 0$이어야 하므로

$$\cos(2\theta) = \cos(4\theta)$$

주어진 범위 $\dfrac{\pi}{2} < 2\theta < \pi$에서 이를 만족하는 해는 2θ와 4θ가 2π를 기준으로 대칭일 때이다.

$$2\theta + 4\theta = 2\pi \Rightarrow 6\theta = 2\pi \Rightarrow \theta = \frac{\pi}{3}$$

따라서 넓이가 최대가 되는 θ의 값 $k = \dfrac{\pi}{3}$이다.

$$g(\theta) = \overline{AP} + \overline{PQ} = 2\cos\theta - 2\cos(2\theta)$$

양변을 θ에 대해 미분하면,

$$g'(\theta) = -2\sin\theta + 4\sin(2\theta)$$

$\theta = k = \dfrac{\pi}{3}$를 대입하면

$$g'\left(\frac{\pi}{3}\right) = -2\sin\left(\frac{\pi}{3}\right) + 4\sin\left(\frac{2\pi}{3}\right)$$

$$= -2\left(\frac{\sqrt{3}}{2}\right) + 4\left(\frac{\sqrt{3}}{2}\right) = \sqrt{3}$$

28) 정답 ④

[출제자 : 김진성T]

[검토자 : 안형진T]

조건(나)에서 사이값정리에 의해서 방정식 $f(x)=0$은 구간$(1,9)$에서 $f(k)=0$ 인 k가 존재한다는 것을 의미한다.

조건(가)에서 $(f(x))^7 + (f(x))^3 = \dfrac{\ln x + mx^2 - nx}{x^3 + 5x}$

를 변형하면 $\{(f(x))^7 + (f(x))^3\}(x^2+5) = \dfrac{\ln x}{x} + mx - n$ 와 같이 된다.

$P(x) = \dfrac{\ln x}{x} + mx - n$ 라 하면

항등식 $(f(x))^3\{(f(x))^4 + 1\}(x^2+5) = \dfrac{\ln x}{x} + mx - n = P(x)$

에서 $P(k) = 0$ 인 $x=k$ 에 대하여 $P(k)=0$, $P'(k)=0$, $P''(k)=0$ 을 의미한다.

한편, $P'(x) = \dfrac{1-\ln x}{x^2} + m$, $P''(x) = \dfrac{2\ln x - 3}{x^3}$ 에서

$P''(k)=0$, $k=e^{\frac{3}{2}}$이고, $P'\!\left(e^{\frac{3}{2}}\right) = \dfrac{-\frac{1}{2}}{e^3} + m = 0$에서

$m = \dfrac{1}{2e^3} = \dfrac{1}{2}e^{-3}$이다.

그리고

$P\!\left(e^{\frac{3}{2}}\right) = \dfrac{3}{2}\times e^{-\frac{3}{2}} + \dfrac{1}{2e^3}\times e^{\frac{3}{2}} - n = 0$ 에서

$n = \dfrac{3}{2}e^{-\frac{3}{2}} + \dfrac{1}{2}e^{-\frac{3}{2}} = 2e^{-\frac{3}{2}}$이므로

$\dfrac{n}{m} = \dfrac{2e^{-\frac{3}{2}}}{\frac{1}{2}e^{-3}} = 4e^{\frac{3}{2}}$ 이다.

$p=4$, $q=\dfrac{3}{2}$이므로 $p \times q = 6$이다.

29) 정답 50

[출제자 : 정일권T]

[검토자 : 최병길T]

$a_n = \dfrac{\alpha+\beta}{2} - (-1)^n \dfrac{\alpha-\beta}{2}$에서

$\qquad a_1 = \alpha,\ a_2 = \beta$ 즉 $a_{2n-1} = \alpha,\ a_{2n} = \beta$

이므로

$\qquad a_{4n-1} = a_{2n-1} = \alpha,\ a_{4n-2} = a_{2n} = \beta$

이때

$$\sum_{n=1}^{\infty}\left(a_{4n-1}b_n\right) = 6$$

에서 급수가 수렴하므로 등비수열 $\{b_n\}$의 첫째항을 b $(b>0)$, 공비를 r $(-1<r<1)$이라 하면 수열 $\{b_{2n}\}$은 첫째항이 br이고 공비가 r^2인 등비수열이다.

한편 $a_1 \times a_2 = 2$에서 $\alpha\beta = 2$이다.

α, β가 자연수이므로 $\alpha=1$, $\beta=2$ 또는 $\alpha=2$, $\beta=1$이다.

즉 조건 $\displaystyle\sum_{n=1}^{\infty}\left(a_{4n-1}b_n\right) = \alpha\sum_{n=1}^{\infty}b_n = \alpha\times\dfrac{b}{1-r} = 6$에서

첫째항을 b $(b>0)$, $1-r>0$ $(-1<r<1)$에서

$\alpha=1$, $\dfrac{b}{1-r}=6$ 또는 $\alpha=2$, $\dfrac{b}{1-r}=3$이다.

조건 $\displaystyle\sum_{n=1}^{\infty}\left(a_{4n-2}b_{2n}\right) = \beta\sum_{n=1}^{\infty}b_{2n} = \beta\times\dfrac{br}{1-r^2} = -24$에서

(ⅰ) $\alpha=1$, $\dfrac{b}{1-r}=6$일 때

$\qquad \beta=2$, $\beta\times\dfrac{br}{1-r^2} = \beta\times\dfrac{b}{1-r}\times\dfrac{r}{1+r} = -24$이므로

$\qquad \dfrac{r}{1+r} = -2,\ r = -\dfrac{2}{3}$

$\qquad \therefore b = 10$　$\cdots$ ㉠

(ⅱ) $\alpha=2$, $\dfrac{b}{1-r}=3$일 때

$\qquad \beta=1$, $\beta\times\dfrac{br}{1-r^2} = \beta\times\dfrac{b}{1-r}\times\dfrac{r}{1+r} = -24$이므로

$\qquad \dfrac{r}{1+r} = -8,\ r = -\dfrac{8}{9}$

$\qquad \therefore b = \dfrac{17}{3}$　$\cdots$ ㉡

㉠, ㉡에 의해 만족하는 모든 b_1의 값의 합 S는

따라서 $S = 10 + \dfrac{17}{3} = \dfrac{47}{3}$, $p=3, q=47$이므로

$p + q = 50$

30) 정답 6

[출제자 : 황보성호T]

[그림 : 이정배T]

[검토자 : 백상민T]

$h(x) = xe^{-x}$라 하자.

$h'(x) = 1\cdot e^{-x} + x\cdot(-e^{-x}) = (1-x)e^{-x}$

$h''(x) = (-1)\cdot e^{-x} + (1-x)\cdot(-e^{-x}) = (x-2)e^{-x}$

$h'(x)=0$에서 $x=1$이고, $h''(x)=0$에서 $x=2$

x	$\cdots$	1	$\cdots$	2	$\cdots$
$h'(x)$	$+$	0	$-$	$-$	$-$
$h''(x)$	$-$	$-$	$-$	0	$+$
$h(x)$	$\nearrow$	$\dfrac{1}{e}$	$\searrow$	$\dfrac{2}{e^2}$	$\searrow$

즉, 함수 $y=h(x)$의 그래프의 개형은 아래 그림과 같다.

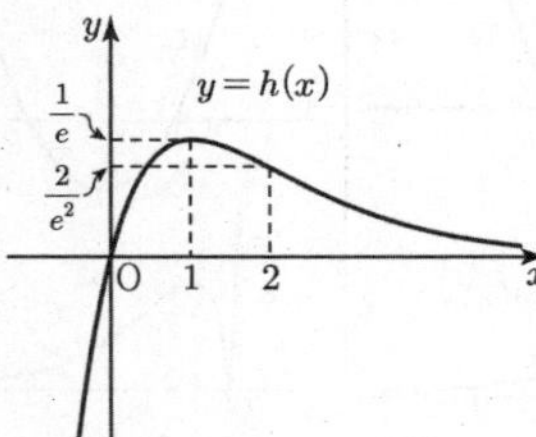

조건 (나)에서 $g(0) = |f(0)| = 0$이므로 $f(0)=0$

$f(x) = x(x-p)$라 하자.

함수 $f(h(x))$에서

$x : -\infty \to 1$이면 $h : -\infty \to \dfrac{1}{e}$ / $x : 1 \to \infty$이면 $h : \dfrac{1}{e} \to 0$

(i) $p < 0$인 경우

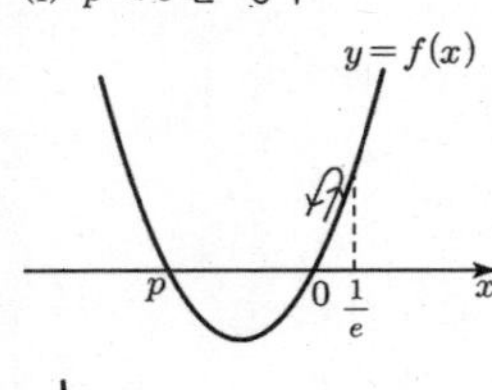

(ii) $p = 0$인 경우

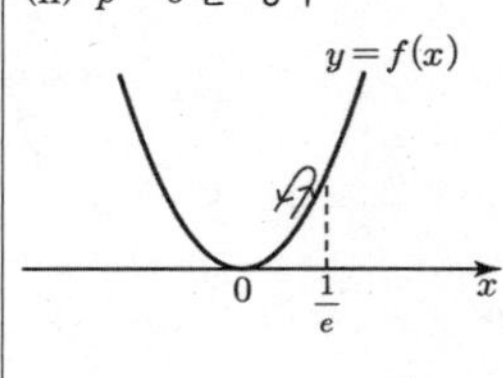

(iii) $0 < p < \dfrac{1}{e}$인 경우

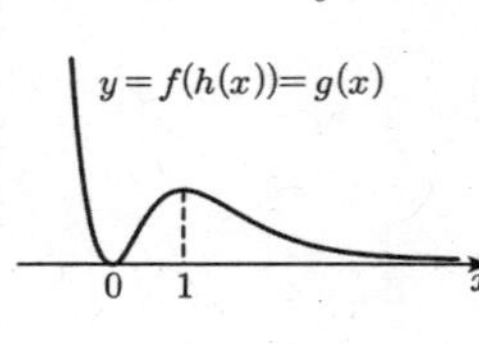

(iv) $p = \dfrac{1}{e}$인 경우

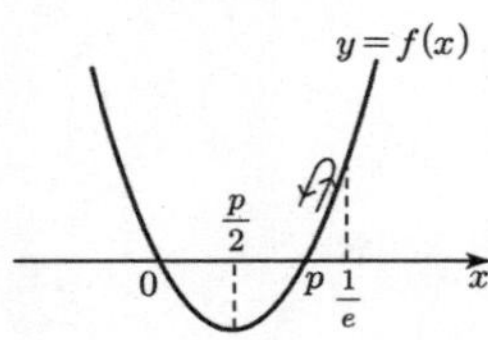

(v) $\dfrac{1}{e} < p < \dfrac{2}{e}$인 경우

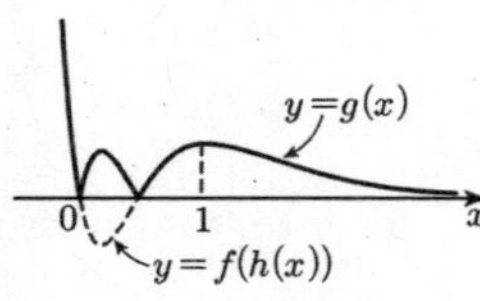

(vi) $p = \dfrac{2}{e}$인 경우

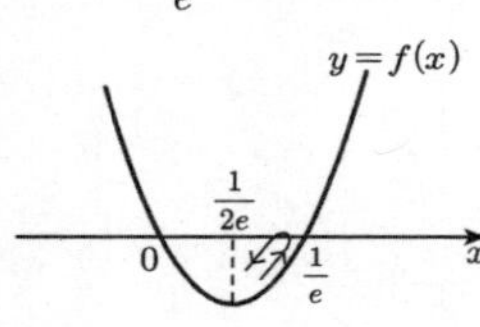

(vii) $p > \dfrac{2}{e}$인 경우

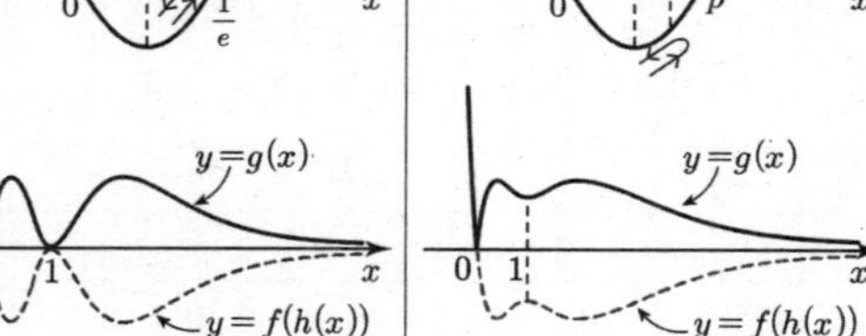

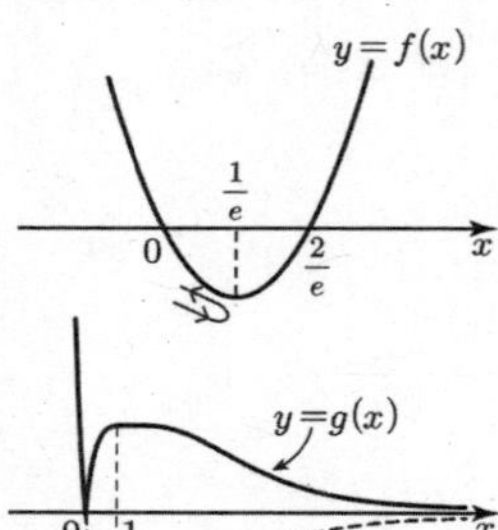

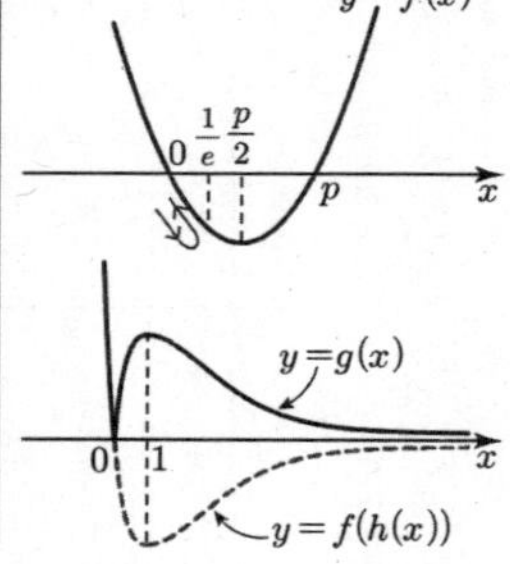

조건 (가)를 만족하는 것은 (iv), (v), (vi), (vii)이고,
이 중 조건 (나)를 만족하는 것은 (iv), (v)이다.

즉, $\dfrac{1}{e} \le p < \dfrac{2}{e}$

$$g(2) = \left| f\left(\dfrac{2}{e^2}\right) \right| = \left| \dfrac{2}{e^2}\left(\dfrac{2}{e^2} - p\right) \right|$$

$$= \dfrac{2}{e^2}\left(p - \dfrac{2}{e^2}\right)\left(\because p \ge \dfrac{1}{e} > \dfrac{2}{e^2}\right)$$

$p = \dfrac{1}{e}$일 때, $g(2)$의 값이 최소이므로

$g(2)$의 최솟값은 $\dfrac{2}{e^2}\left(\dfrac{1}{e} - \dfrac{2}{e^2}\right) = \dfrac{2}{e^3} - \dfrac{4}{e^4} = \dfrac{a}{e^3} - \dfrac{b}{e^4}$

$\therefore a = 2,\ b = 4$

$\therefore a + b = 6$

기하
[출제자 : 황보백T]

23) 정답 ①

$\vec{a} = (5,\ 4),\ \vec{b} = (3,\ -2)$에 대하여 벡터 $\vec{a} + 2\vec{b} = (11, 0)$이다.
따라서 성분의 합은 11이다.

24) 정답 ⑤

타원의 두 초점의 좌표는 각각 $(3,\ 0),\ (-3,\ 0)$

쌍곡선의 두 점근선의 방정식은 $y = \pm\dfrac{3}{4}x$

따라서, 초점 $(\pm 3,\ 0)$에서 점근선 $3x \pm 4y = 0$까지의 거리는

$$\dfrac{|9|}{\sqrt{3^2 + 4^2}} = \dfrac{9}{5}$$

25) 정답 ③

점 $(1,\ 4)$을 지나고 법선벡터가 $\vec{n} = (2,\ 1)$인 직선의 방정식은
$2(x-1) + 1(y-4) = 0$
즉, $2x + y = 6$
따라서 이 직선이 x축, y축과 만나는 점의 좌표는 각각
$(3,\ 0),\ (0, 6)$
따라서 $a = 3,\ b = 6$ 이므로
$a + b = 9$

26) 정답 ⑤

점 P가 타원 $\dfrac{x^2}{a+3} + \dfrac{y^2}{a+2} = 1$위의 점이므로

$\overline{PF_1} + \overline{PF_2} = 2\sqrt{a+3}$이고, 양변을 제곱하면

$\overline{PF_1}^2 + 2\overline{PF_1}\cdot\overline{PF_2} + \overline{PF_2}^2 = 4(a+3)$ $\cdots$ ㉠

또, 점 P가 쌍곡선 $\dfrac{x^2}{a} - \dfrac{y^2}{1-a} = 1$ 위의 점이므로

$|\overline{PF_1}-\overline{PF_2}|=2\sqrt{a}$ 이고, 양변을 제곱하면

$\overline{PF_1}^2-2\overline{PF_1}\cdot\overline{PF_2}+\overline{PF_2}^2=4a$ …ⓛ

㉠, ⓛ에서 $4\overline{PF_1}\cdot\overline{PF_2}=12$이므로 $\overline{PF_1}\cdot\overline{PF_2}=3$

27) 정답 ③

$\vec{a}\,/\!/\,\vec{c}$ 에서 $\vec{a}=k\vec{c}\,(k$는 실수$)$로 놓으면

$\vec{a}\cdot\vec{c}=k|\vec{c}|^2=8\cdots$ ㉠

$(\vec{a}+\vec{c})\cdot(\vec{a}-\vec{c})=|\vec{a}|^2-|\vec{c}|^2$

$=(k^2-1)|\vec{c}|^2=-12\cdots$ ⓛ

㉠, ⓛ을 변변끼리 나누어 정리하면

$\dfrac{k}{k^2-1}=-\dfrac{2}{3}$, $2k^2+3k-2=0$

$(2k-1)(k+2)=0$

$\therefore k=\dfrac{1}{2}\ (\because\ k^2-1<0)$

따라서 $|\vec{c}|^2=16$이고 $\vec{b}\cdot\vec{c}=0$이므로 구하는 값은

$(\vec{a}+\vec{c})\cdot(\vec{b}+\vec{c})=(k+1)\vec{c}\cdot(\vec{b}+\vec{c})=(k+1)|\vec{c}|^2$

$\qquad\qquad=\left(\dfrac{1}{2}+1\right)\times16=24$

28) 정답 ⑤

[출제자 : 김진성T]

$2\overline{AP}=\overline{PF}$이고, $2\overline{AP}+\overline{PF'}=\overline{PF}+\overline{PF'}=6\sqrt{3}$이므로 타원 정의에 의해서 $2a=6\sqrt{3}$ 이다. 타원 C_1에서 $a=3\sqrt{3}$ 이므로 $a^2=9+c^2$ 에서 $c=3\sqrt{2}$ 이다.

한편 $\overline{AP}:\overline{PF}=1:2$이므로 점P의 x좌표는 $\sqrt{2}$가 되고

$\dfrac{x^2}{27}+\dfrac{y^2}{9}=1$에 대입하면

$y=\dfrac{5}{\sqrt{3}}$가 되어 $P\left(\sqrt{2},\dfrac{5}{\sqrt{3}}\right)$가 된다. 또 $\overline{AP}:\overline{PF}=1:2$에

의해서 점$A\left(0,\dfrac{5\sqrt{3}}{2}\right)$이고, 점Q가 F$'$,P를 $2:1$외분하므로 $Q\left(5\sqrt{2},\dfrac{10\sqrt{3}}{3}\right)$이다.

쌍곡선 C_2의 주축길이는 쌍곡선 정의에 의해서 $\overline{A'Q}-\overline{AQ}$ 가 됨을 이용하자.

$\overline{AQ}=\sqrt{(5\sqrt{2})^2+\left(\dfrac{5\sqrt{3}}{2}-\dfrac{10\sqrt{3}}{3}\right)^2}=\dfrac{25}{\sqrt{12}}$

$\overline{A'Q}=\sqrt{(5\sqrt{2})^2+\left(\dfrac{5\sqrt{3}}{2}+\dfrac{10\sqrt{3}}{3}\right)^2}=\dfrac{5\sqrt{73}}{\sqrt{12}}$

이므로 쌍곡선의 주축길이의 값은

$\overline{A'Q}-\overline{AQ}=\dfrac{5\sqrt{73}}{\sqrt{12}}-\dfrac{25}{\sqrt{12}}=\dfrac{5\sqrt{73}-25}{\sqrt{12}}$ 이다.

29) 정답 60

[출제자 : 오세준T]

삼각형 QF$'$O와 삼각형 PF$'$F에서

$\overline{PQ}=\overline{QF'}$, $\overline{F'O}=\overline{OF}$이므로

중점 연결 정리에 의해 $\overline{QO}\,/\!/\,\overline{PF}$이고

$\angle PAB=\dfrac{\pi}{4}$이므로 삼각형 PAF는 직각이등변삼각형이다.

$A(-a,0)$, $B(a,0)$라 하면 $\overline{AF}=\overline{PF}=a+c$

(삼각형 PF$'$R의 넓이)=(삼각형 PF$'$B의 넓이)

$\qquad\qquad\qquad=$(삼각형 PAF의 넓이)

이므로 $27=\dfrac{1}{2}(a+c)^2$

$a+c=3\sqrt{6}$ …… ㉠

$\overline{F'F}=2c$이므로 피타고라스 정리에 의해

$\overline{PF'}^2=(2c)^2+(3\sqrt{6})^2=4c^2+54$

쌍곡선의 주축의 길이는 $2a$이므로

$2a=\overline{PF'}-\overline{PF}$

$\quad=\sqrt{4c^2+54}-3\sqrt{6}$

$(2a+3\sqrt{6})^2=4c^2+54$

$a^2+3\sqrt{6}a=c^2$ …… ⓛ

㉠, ⓛ을 연립하면

$a^2+3\sqrt{6}a=(3\sqrt{6}-a)^2$

$9\sqrt{6}a=54$, $a=\sqrt{6}$, $c=2\sqrt{6}$

따라서 $k=2a=2\sqrt{6}$이므로

$k\times\overline{PF'}=2\sqrt{6}\times5\sqrt{6}=60$이다.

30) 정답 274

[출제자 : 이덕훈T]

[검토자 : 이지훈T]

$9\overrightarrow{BE}=5\overrightarrow{BC}+4\overrightarrow{BD}$ 에서

$\overrightarrow{BE}=\dfrac{5\overrightarrow{BC}+4\overrightarrow{BD}}{9}$이므로 점 E는 $\overline{DC}$를 $5:4$로 내분하는 점이다.

$\therefore\ |\overrightarrow{AE}|=13$

$\overrightarrow{PQ}\cdot\left(\overrightarrow{PQ}-\dfrac{8}{9}\overrightarrow{AB}\right)=0$에서 $\dfrac{8}{9}\overrightarrow{AB}=\overrightarrow{PP'}$라 하면 $|\overrightarrow{PP'}|=8$이고,

$\overrightarrow{PQ}\cdot\left(\overrightarrow{PQ}-\dfrac{8}{9}\overrightarrow{AB}\right)=\overrightarrow{PQ}\cdot(\overrightarrow{PQ}-\overrightarrow{PP'})$

$\qquad\qquad=\overrightarrow{PQ}\cdot\overrightarrow{P'Q}=0$

따라서 점 Q는 선분 PP$'$를 지름으로 하는 원 위의 점이다.

원의 중심을 R라 하면 $|\overrightarrow{RQ}|=4$이다.

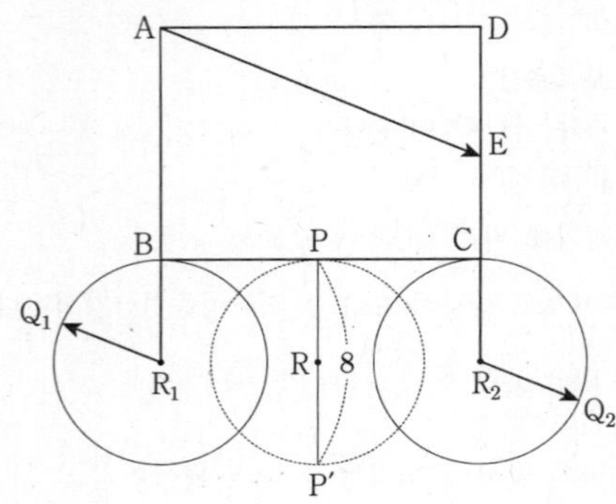

$$\overrightarrow{AE} \cdot \overrightarrow{AQ} = \overrightarrow{AE} \cdot \left(\overrightarrow{AR} + \overrightarrow{RQ} \right)$$
$$= \overrightarrow{AE} \cdot \overrightarrow{AR} + \overrightarrow{AE} \cdot \overrightarrow{RQ}$$

이고 점 P가 점 B에 있고 $\overrightarrow{RQ}$가 $\overrightarrow{AE}$와 평행하고 방향이 반대일 때
즉, $\overrightarrow{RQ}$가 $\overrightarrow{R_1Q_1}$일 때 최솟값을 갖는다.

$$\overrightarrow{AE} \cdot \overrightarrow{AQ_1} = \overrightarrow{AE} \cdot \left(\overrightarrow{AR_1} + \overrightarrow{R_1Q_1} \right)$$
$$= \overrightarrow{AE} \cdot \overrightarrow{AR_1} + \overrightarrow{AE} \cdot \overrightarrow{R_1Q_1}$$
$$= (12, \ -5) \cdot (0, \ -13) - 13 \times 4$$
$$= 13$$

한편, 점 P가 점 C에 있고 $\overrightarrow{RQ}$가 $\overrightarrow{AE}$와 평행하고 방향이 같을 때
즉, $\overrightarrow{RQ}$가 $\overrightarrow{R_2Q_2}$일 때 최댓값을 갖는다.

$$\overrightarrow{AE} \cdot \overrightarrow{AQ_2} = \overrightarrow{AE} \cdot \left(\overrightarrow{AR_2} + \overrightarrow{R_2Q_2} \right)$$
$$= \overrightarrow{AE} \cdot \overrightarrow{AR_2} + \overrightarrow{AE} \cdot \overrightarrow{R_2Q_2}$$
$$= (12, \ -5) \cdot (12, \ -13) + 13 \times 4$$
$$= 261$$

$$\therefore \ 13 \leq \overrightarrow{AE} \cdot \overrightarrow{AQ} \leq 261$$

따라서 $\alpha = 13$, $\beta = 261$이므로 $\alpha + \beta = 274$이다.

수능 대비 랑데뷰 싱크로율 99% 모의고사 2회

공통과목

1	④	2	①	3	①	4	①	5	③
6	③	7	⑤	8	②	9	②	10	①
11	④	12	③	13	①	14	①	15	③
16	4	17	8	18	28	19	9	20	8
21	50	22	5						

확률과통계

23	⑤	24	④	25	②	26	⑤	27	⑤
28	②	29	92	30	23				

미적분

23	④	24	⑤	25	①	26	⑤	27	③
28	⑤	29	611	30	28				

기하

23	④	24	①	25	①	26	①	27	②
28	①	29	25	30	12				

풀이

공통과목

[출제자 : 황보백T]

1) 정답 ④

(주어진 식)

$$= \sqrt[3]{2} \times \sqrt[3]{\sqrt[4]{(-4)^4}} = \sqrt[3]{2} \times \sqrt[3]{4} = \sqrt[3]{8} = 2$$

2) 정답 ①

$$\lim_{h \to 0} \frac{f(a+h)-f(a-h)}{h}$$
$$= \lim_{h \to 0} \frac{f(a+h)-f(a)-f(a-h)+f(a)}{h}$$
$$= 2f'(a) = 8$$
$$\therefore a = 5$$

3) 정답 ①

$$\sum_{k=1}^{6} (k^2 + ak)$$
$$= \sum_{k=1}^{6} k^2 + a \times \sum_{k=1}^{6} k$$
$$= \frac{6 \times 7 \times 13}{6} + a \times \frac{6 \times 7}{2}$$
$$= 91 + 21a$$

이므로 $\displaystyle\sum_{k=1}^{6} (k^2 + ak) = 70$에서

$$91 + 21a = 70,$$
$$21a = -21$$

따라서 $a = -1$

4) 정답 ①

$$\lim_{x \to -1} f(x) + \lim_{x \to 0-} f(x) + f(1) = 0 + 1 + 1 = 2$$

5) 정답 ③

$$f'(x) = 2x(x^2 + x + 1) + (x^2 - 4)(2x + 1)$$

이므로

$$f'(2) = 2 \times 2 \times 7 + 0 = 28$$

6) 정답 ③

[검토자 : 최현정T]

$\dfrac{\pi}{2} < \theta < \pi$에서 $\cos\theta < 0$이므로

$$\cos\theta = -\sqrt{1 - \sin^2\theta} = -\sqrt{1 - \frac{1}{9}} = -\frac{2\sqrt{2}}{3}$$

따라서

$$\tan\theta = \frac{\sin\theta}{\cos\theta} = -\frac{1}{2\sqrt{2}} = -\frac{\sqrt{2}}{4}$$

이므로

$$\tan(\theta - \pi) = -\tan(\pi - \theta) = \tan\theta = -\frac{\sqrt{2}}{4}$$

7) 정답 ⑤

$$f(2) = 8 - 24 + 16 = 0$$
$$f(x) = x^3 - 12x + 16 \text{에서 } f'(x) = 3x^2 - 12 \text{이므로}$$
$$f'(2) = 12 - 12 = 0$$

따라서 곡선 $y = f(x)$ 위의 점 $A(2,\ f(2))$에서의 접선의 방정식은 $y = 0$

이때 직선 $y = 0$와 곡선 $y = f(x)$의 교점의 x좌표는

$$x^3 - 12x + 16 = 0,\ (x-2)^2(x+4) = 0$$
$$\therefore x = -4 \text{ 또는 } x = 2$$

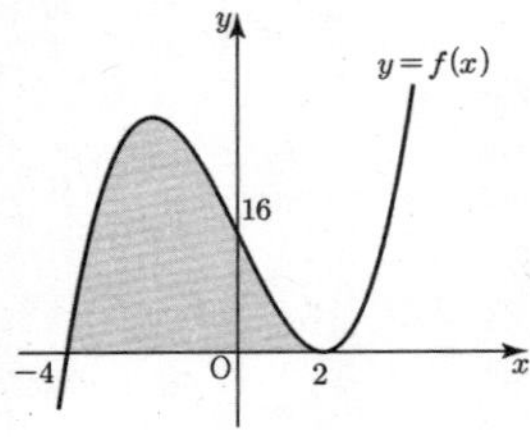

따라서 곡선 $y=f(x)$ 위의 점 $A(2,\ f(2))$에서의 접선과 곡선
$y=f(x)$로 둘러싸인 부분의 넓이는

$$\int_{-4}^{2}(x^3-12x+16)dx=\left[\frac{1}{4}x^4-6x^2+16x\right]_{-4}^{2}=108$$

[랑데뷰팁]

$y=(x-2)^2(x+4)$와 x축으로 둘러싸인 부분의 넓이 S

$$S=\frac{\{2-(-4)\}^4}{12}=108$$

8) 정답 ②

[출제자 : 강동회T]

[검토자 : 최현정T]

$$\log_{\sqrt[3]{3}}a+\log_3 b=3\log_3 a+\log_3 b$$
$$\qquad\qquad=\log_3 a^3+\log_3 b=\log_3 a^3 b=3$$

$a^3 b=3^3\cdots\text{㉠}$

$\log_3 a+\log_3 b^3=\log_3 ab^3=5$

$ab^3=3^5\cdots\text{㉡}$

㉠, ㉡을 변끼리 곱하면

$a^4 b^4=3^8$

$a,\ b$가 양의 실수이므로

$(ab)^4=(3^2)^4$

$ab=3^2=9$

9) 정답 ②

[출제자 : 이호진T]

[검토자 : 이지훈T]

다항함수 $f(x)$의 한 부정적분이 $\frac{1}{3}F(x)$이므로　　$F'(x)=3f(x)$

함수 $5f(x)+2$의 한 부정적분이 $G(x)$이므로

$\qquad G'(x)=5f(x)+2$

$H(x)=3G(x)-5F(x)$라 하였을 때,

$H'(x)=6$, $H(1)=0$에서 $H(x)=6x-6$

따라서 $H(3)=12$이므로 $3G(3)-5F(3)=12$

10) 정답 ①

[출제자 : 이소영T]

[검토 : 최수영T]

수열 $\{a_n\}$은 첫째항을 제외하고, 두 번째 항부터 공차가 d인
등차수열이라 할 수 있으므로

$$S_5=a_1+\frac{4(2a_2+3d)}{2}=22\text{이고, }\cdots\cdots\ \text{①}$$

$$\sum_{k=1}^{11}(-1)^k a_k=-a_1+a_2-a_3+\cdots+a_{10}-a_{11}$$
$$=-a_1-5d=-3\text{이 된다. }\cdots\cdots\ \text{②}$$

$a_1=4|d|$이므로 $d>0$일 때와 $d<0$일 때로 나누어 풀면 된다.

$d>0$이면 $a_1=4d$이므로 ②에서

$-9d=-3$

$d=\frac{1}{3}$이고, $a_1=\frac{4}{3}$이다.

①에 $d=\frac{1}{3}$과 $a_1=\frac{4}{3}$을 대입하면

$$\frac{4}{3}+2(2a_2+1)=22$$

$$\frac{2}{3}+2a_2+1=11$$

$$2a_2=11-\frac{5}{3}$$

$$a_2=\frac{14}{3}\text{이다.}$$

따라서 $S_3=a_1+a_2+a_3=\frac{4}{3}+\frac{14}{3}+5=11$이다.

$d<0$이면 $a_1=-4d$이므로 ②에서

$d=3$이 되므로 $d<0$라는 조건을 만족하지 않는다.

따라서 $S_3=11$이다.

11) 정답 ④

[출제자 : 오세준T]

[검토자 : 최병길T]

ㄱ. $a=1$이면 $v(t)=3t^2-t+3$이므로
　　시각 $t=1$일 때 점 P의 위치는

$$\int_0^1(3t^2-t+3)\,dt$$
$$=\left[t^3-\frac{1}{2}t^2+3t\right]_0^1$$
$$=1-\frac{1}{2}+3=\frac{7}{2}\text{이다. (거짓)}$$

ㄴ. 점 P의 운동 방향이 2번 바뀌려면
　　$t\geq 0$에서 $v(t)=0$은 서로 다른 두 실근을 가져야 한다.
　　즉, 서로 다른 두 양의 실근을 가져야 하므로

（ⅰ）(두 근의 합)$=\dfrac{a}{6}>0,\ a>0$

（ⅱ）(두 근의 곱)$=\dfrac{3}{3}=1>0$

（ⅲ）$D=a^2-36>0,\ a<-6$ 또는 $a>6$

이므로 $a > 6$이다. (참)

ㄷ. $a = 10$이면 $v(t) = 3t^2 - 10t + 3 = (3t-1)(t-3)$이므로

시각 $t = 0$에서 $t = \dfrac{2}{3}$까지 점 P가 움직인 거리는

$$\int_0^{\frac{1}{3}} (3t^2 - 10t + 3)\,dt + \int_{\frac{1}{3}}^{\frac{2}{3}} (-3t^2 + 10t - 3)\,dt$$

$$= \left[t^3 - 5t^2 + 3t \right]_0^{\frac{1}{3}} + \left[-t^3 + 5t^2 - 3t \right]_{\frac{1}{3}}^{\frac{2}{3}}$$

$$= \frac{1}{27} - \frac{5}{9} + 1 + \left(-\frac{8}{27} + \frac{20}{9} - 2 \right) - \left(-\frac{1}{27} + \frac{5}{9} - 1 \right)$$

$$= \frac{13}{27} + \left(-\frac{2}{27} \right) + \frac{13}{27}$$

$$= \frac{8}{9} \ \text{(참)}$$

따라서 옳은 것은 ㄴ, ㄷ이다.

12) 정답 ③

[출제자 : 김진성T]

[검토자 : 박형민T]

$A(a^t, t)$, $B(a^{2t}, 2t)$, $C(a^t, 0)$ 에서 삼각형 ABC의 넓이는

$\dfrac{1}{2} \times \overline{BC} \times (a^{2t} - a^t) = \dfrac{1}{2} \times 2t \times (a^{3t} - a^t) = 9\sqrt{3}$,

$t(a^{2t} - a^t) = 9\sqrt{3} \cdots$ (1) 이다.

$\overline{AB} = \overline{BC}$이므로

$\sqrt{(a^{2t} - a^t)^2 + t^2} = 2t$, $(a^{2t} - a^t)^2 = 3t^2$ 과 식(1)에서

$(a^{2t} - a^t)^2 = \left(\dfrac{9\sqrt{3}}{t} \right)^2$ 를 이용하면 $81 = t^4$ 이고 $t = 3$ 이다.

[다른 풀이] 박형민T

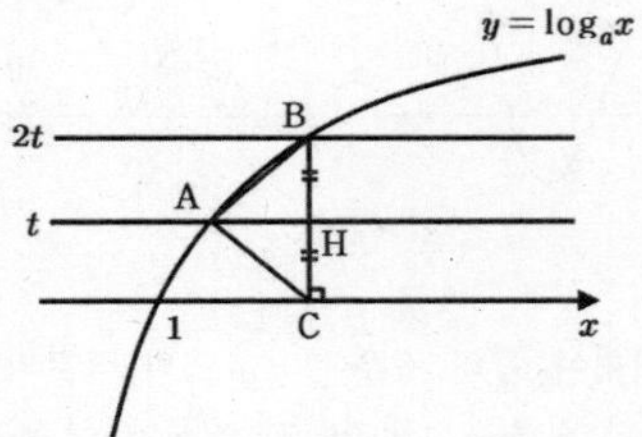

선분 BC와 $y = t$와의 교점을 점 H라 하자.

$\overline{BH} = \overline{CH}$이므로 $\triangle ABC = 2 \times \triangle ABH$이다.

삼각형 ABH를 표현하면 아래와 같다.

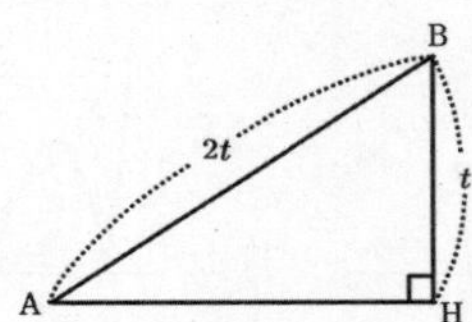

$\overline{AB} = \overline{BC} = 2t$이므로 $\triangle ABH = \dfrac{t^2 \sqrt{3}}{2} = \dfrac{9}{2}\sqrt{3}$

$\therefore \ t = 3$

13) 정답 ①

[출제자 : 김상호T]

[검토자 : 김경민T]

$f(x) = x^2 + 4x - 12$이므로

$$\lim_{x \to t} \frac{(x-2)^2 (x+6)^2}{\{f(x)\}^2 - k(x-2)f(x)}$$

$$= \lim_{x \to t} \frac{(x-2)^2 (x+6)^2}{f(x)\{f(x) - k(x+1)\}}$$

$$= \lim_{x \to t} \frac{(x-2)^2 (x+6)^2}{(x-2)(x+6)\{x^2 + (4-k)x - 12 - k\}}$$

$$= \lim_{x \to t} \frac{(x-2)(x+6)}{\{x^2 + (4-k)x - 12 - k\}}$$

에서 임의의 실수 t에 대하여 극한값이 존재한다.

ⅰ) $x^2 + (4-k)x - 12 - k = 0$이 실근을 가질 때

$x = 2$, $x = -6$ 이외의 실근일 가지면 그 지점에서 극한값이 존재하지 않으므로

$x^2 + (4-k)x - 12 - k = (x+2)(x-6)$

따라서 만족하는 k는 0이다.

ⅱ) $x^2 + (4-k)x - 12 - k = 0$이 실근을 가지지 않을 때

판별식 $D < 0$을 만족한다.

$D = (4-k)^2 + 4(12+k) = k^2 - 4k + 64 = (k-2)^2 + 60 > 0$

따라서 만족하는 k는 존재하지 않는다.

ⅰ), ⅱ)에 의하여 조건을 만족하는 정수 k의 개수는 1개다.

14) 정답 ①

[출제자 : 이덕훈T]

[검토자 : 안형진T]

함수 $y = 2\cos\dfrac{\pi}{k}x$에서 주기는 $2k$이다.

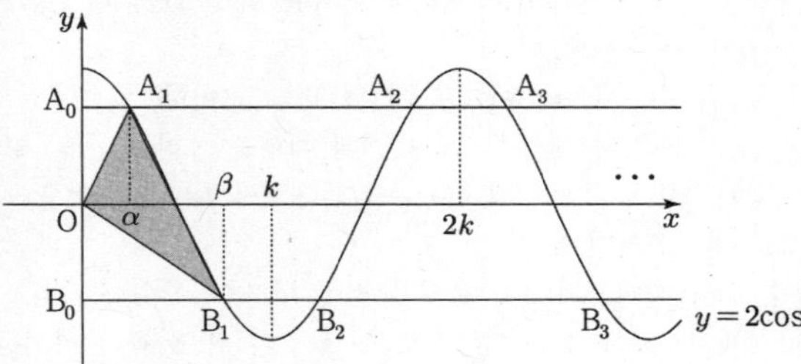

A_1의 x좌표를 α, B_1의 x좌표를 β라 하면

$\beta = k - \alpha$

이고, $\overline{B_0 B_1} = 3\overline{A_0 A_1}$에서

$k - \alpha = 3\alpha$

이므로 $\alpha = \dfrac{k}{4}$이다. 따라서 점 A_1의 좌표는 $\left(\dfrac{k}{4},\ p \right)$이므로

$p = 2\cos\left(\dfrac{\pi}{k} \times \dfrac{k}{4} \right) = \sqrt{2}$ 　　　…… ㉠

함수 $y = 2\cos\dfrac{\pi}{k}x$가 x축과 만나는 점을 x좌표가 작은 순서대로

C_1, C_2, C_3, $\cdots$ 라 하자.

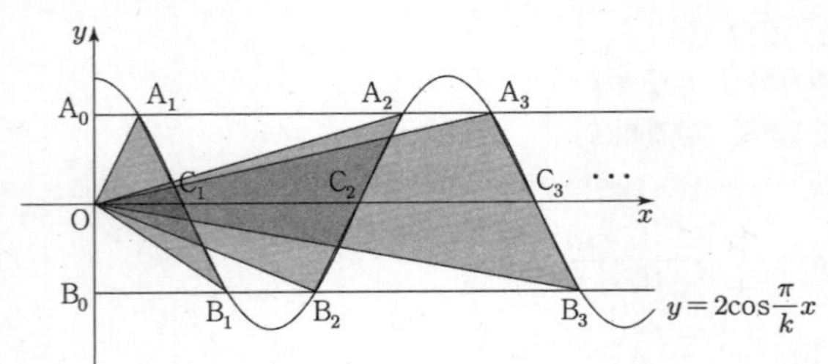

C_1, C_2, C_3, $\cdots$ 의 x좌표는 $\dfrac{k}{2}$, $\dfrac{3}{2}k$, $\dfrac{5}{2}k$, $\cdots$ 이므로 C_n의

x좌표는 $\dfrac{2n-1}{2}k$이다.

삼각형 OA_nB_n의 넓이는

$$\triangle OA_nB_n = \triangle OC_nA_n + \triangle OC_nB_n = \frac{1}{2} \times \frac{2n-1}{2}k \times \sqrt{2} \times 2$$

$$= \frac{\sqrt{2}}{2}k(2n-1)$$

따라서 $S_n = \dfrac{\sqrt{2}}{2}k(2n-1)$이고, $\displaystyle\sum_{n=1}^{6} S_n = 24$에서

$$\sum_{n=1}^{6} S_n = \frac{\sqrt{2}}{2}k \times \left(2 \times \frac{6\times 7}{2} - 6\right) = 18\sqrt{2}k$$

따라서 $k = \dfrac{2\sqrt{2}}{3}$이다. 　　$\cdots\cdots$ ㉡

㉠, ㉡에서

$$p+k = \sqrt{2} + \frac{2\sqrt{2}}{3} = \frac{5\sqrt{2}}{3}$$

15) 정답 ③

[출제자 : 이소영T]

[그림 : 최성훈T]

최고차항의 계수가 양수이고 원점을 지나는 함수 $f(x)$의 개형과 $g'(x)=0$인 x를 구해보자.

$g'(x) = |f(|x|)| - |x| = 0$이므로 $|f(|x|)| = |x|$이다.

이때, $y = |f(|x|)|$의 개형은 $y = f(x)$의 개형을 그리고, $x>0$일 때는 $y = f(x)$를, $x<0$일 때에는 $y = f(-x)$를 그린 후 x축을 기준으로 접어올리면 된다.

두 함수 $y = |f(|x|)|$와 $y = |x|$의 교점을 구하고, 함수 $g(x)$의 극값이 6개이므로 교점을 기준으로 두 함수의 위, 아래가 바뀌는 지점이 6번 있어야 한다.

(i) $y = f(x)$가 0인 중근과 양의 실근을 가지는 경우

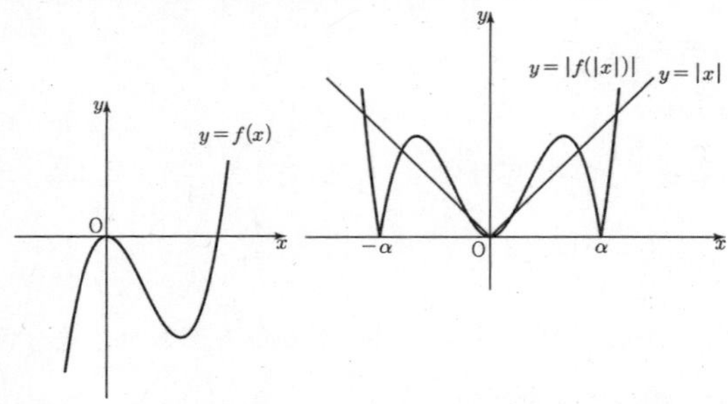

교점의 개수는 7개이고 부호변화가 6번 생기므로 조건을 만족한다.

작은 근부터 $x_1, x_2, x_3, \cdots, x_7$이므로 $x_7 = 6$이 되고, 근의 중간에 0이라는 근을 가지므로 $x_4 = 0$, x_5, x_6, $x_7 = 6$이 등차수열이 되려면 $x_5 = 2$, $x_6 = 4$가 되어야 한다.

$f(x) = kx^2(x-\alpha)$ $(k>0, \alpha>0$인 상수$)$

$f(x) = -x$의 해가 0, 2, 4이므로

$$kx^2(x-\alpha) = -x$$

$kx(x-\alpha) = -1$의 두 근은 2, 4가 되어야 한다.

$$kx^2 - \alpha kx + 1 = 0$$

근과 계수와의 관계에서 두 근의 합 $\alpha = 6$이고, 두 근의 곱 $\dfrac{1}{k} = 8$이므로 $k = \dfrac{1}{8}$이 된다.

$f(x) = \dfrac{1}{8}x^2(x-6)$인데 $y=f(x)$가 $(6, 6)$을 지나가므로 대입하면

$$6 = \frac{36}{8} \cdot 0$$이므로 성립하지 않는다.

(ii) $y = f(x)$가 음근, 0, 양근을 가질 경우

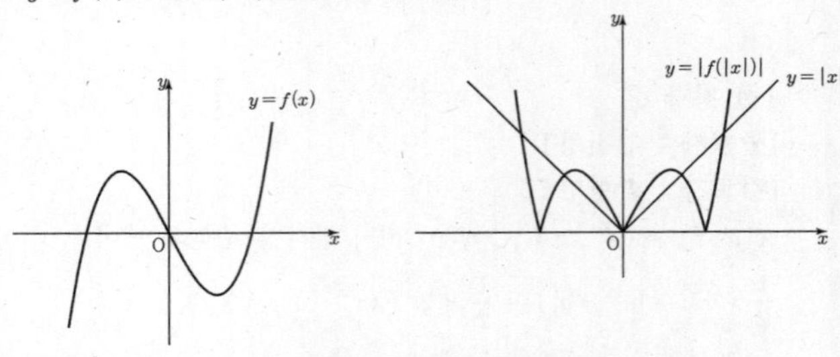

극값의 개수 최대가 4개이므로 성립하지 않는다.

(iii) $y = f(x)$의 |극댓값| $\geq$ |극솟값|인 경우

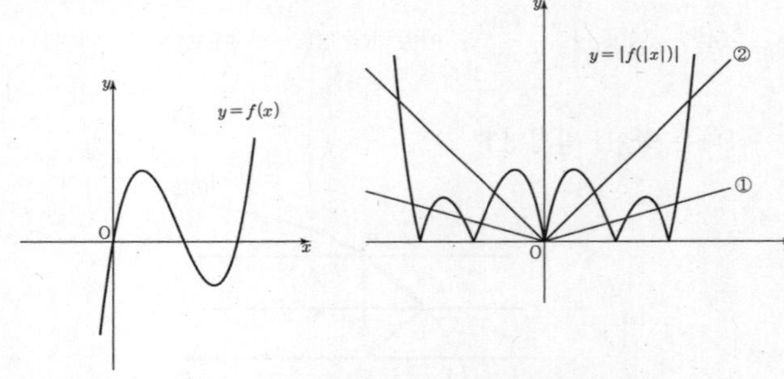

$y = |x|$의 개형이 ①의 경우 $y = g(x)$의 극값의 개수가 8개이고, ②의 경우는 4개뿐이기 때문에 성립하지 않는다.

(iv) $y = f(x)$의 |극댓값| $<$ |극솟값|인 경우

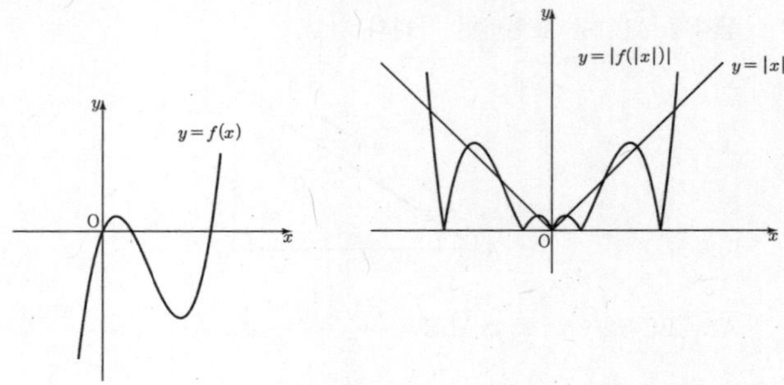

교점의 개수는 7개이고 부호변화가 6번 생기므로 조건을 만족한다.

작은 근부터 $x_1, x_2, x_3, \cdots, x_7$이므로 $m=7$, $x_7=6$이 되고, 근의 중간에 0이라는 근을 가지므로 $x_4=0$, $x_5, x_6, x_7=6$이 등차수열이 되려면 $x_5=2$, $x_6=4$가 되어야 한다.

$f(x)=-x$의 해가 0, 2, 4이므로

$f(x)+x=kx(x-2)(x-4)$ ($k>0$인 인 상수)

$f(x)=x$의 해 중 $x=6$이 존재하므로 $f(6)=6$이 되어야 한다.

$f(6)+6=k \cdot 6 \cdot 4 \cdot 2$

$12=48k$

$k=\dfrac{1}{4}$이다. $f(x)=\dfrac{1}{4}x(x-2)(x-4)-x$가 되므로

$f(8)=40$이다.

$m+f(8)=47$이다.

16) 정답 4

[검토자 : 필재T]

$a_1=2>0$이므로

$a_2=a_1-2=0 \le 0$, $a_3=2>0$

$a_4=a_3-2=0$

$a_5=4$

17) 정답 8

[검토자 : 필재T]

$f(x)=\displaystyle\int f'(x)dx = \int (3x^2-2x)dx$

$\qquad = x^3-x^2+C$ (단, C는 적분상수)

$f(1)=4$이므로 $C=4$

따라서 $f(x)=x^3-x^2+4$이므로

$f(2)=8-4+4=8$

18) 정답 28

등차수열 $\{a_n\}$의 공차를 d라 하면

$a_2 \times a_6 = (a_4-2d) \times (a_4+2d)$

$\qquad = (a_4)^2 - 4d^2 = 64$

에서 $100-4d^2=64$이므로

$d^2=9$

한편, 수열 $\{a_n\}$은 모든 항이 양수이므로

$d>0$에서

$d=3$

따라서

$a_{10}=a_4+6d$

$\qquad = 10+18$

$\qquad = 28$

19) 정답 9

[출제자 : 김수T]

[검토자 : 한정아T]

$f(x)=x^3+3ax^2+9a$ 에서

$f'(x)=3x^2+6ax=3x(x+2a)$

(i) $a<0$일 때

함수 $f(x)$는 $x=0$에서 극댓값을 가지므로

$f(0)=9a=13a$

$a=0$

이 때, $f'(x)=3x^2$ 이므로 극대, 극소가 존재하지 않으므로 모순이다.

(ii) $a>0$일 때

함수 $f(x)$는 $x=-2a$에서 극댓값을 가지므로

$f(-2a)=-8a^3+12a^3+9a=13a$

$4a^3-4a=0$, $4a(a+1)(a-1)=0$

이때 $a>0$이므로

$a=1$

(i), (ii)에서 $f(x)=x^3+3x^2+9$이고

함수 $f(x)$는 $x=0$에서 극솟값을 가지므로

구하는 극솟값은 $f(0)=9$

20) 정답 8

[출제자 : 박준석T]

[그림 : 강민구T]

[검토자 : 서영만T]

삼각형 ABC의 외접원의 넓이는 $R^2\pi = \dfrac{9}{8}\pi$이므로

외접원의 반지름은 $\dfrac{3\sqrt{2}}{4}$이다.

$\angle ACB=\theta$라 할 때, $\overline{AB}=2$이므로

삼각형 ABC 에서 사인법칙에 의하여

$\sin\theta = \boxed{(가)} = \dfrac{2\sqrt{2}}{3}$, $\cos\theta = \dfrac{1}{3}$이다.

$\overline{AC}=\overline{BC}$이므로 삼각형 ABC 에서

코사인법칙에 의하여

$2^2 = \overline{AC}^2 + \overline{BC}^2 - 2 \times \overline{AC} \times \overline{BC} \times \cos\theta$

$4 = \overline{AC}^2 + \overline{AC}^2 - 2 \times \overline{AC} \times \overline{AC} \times \dfrac{1}{3}$이므로

$\overline{AC}=\overline{BC}=\boxed{(나)} = \sqrt{3}$이다.

$\angle BCD = \pi-\theta$이고, 삼각형 BCD의 넓이는 $\dfrac{\sqrt{2}}{3}$이므로

$\dfrac{1}{2} \times \sqrt{3} \times \overline{CD} \times \dfrac{2\sqrt{2}}{3} = \dfrac{\sqrt{2}}{3}$

$\overline{CD}=\dfrac{\sqrt{3}}{3}$이다.

삼각형 BCD에서 코사인법칙에 의하여

$\overline{BD}=2$이다.

삼각형 DCE 와 삼각형 DBA 가 서로 닮음이므로

$\overline{CD} : \overline{BD} = \overline{CE} : \overline{BA}$ 의해

$\dfrac{\sqrt{3}}{3} : 2 = \overline{CE} : 2$이므로

$\overline{CE} = \boxed{(\text{다})} = \dfrac{\sqrt{3}}{3}$이다.

$p = \dfrac{2\sqrt{2}}{3}$, $q = \sqrt{3}$, $r = \dfrac{\sqrt{3}}{3}$이므로

$\left(\dfrac{p \times q}{r}\right)^2 = 8$이다.

21) 정답 50

최고차항의 계수가 1이고 $f(0) = 0$인 삼차함수 $f(x)$는
$f(x) = x^3 + ax^2 + bx$
라 할 수 있다.

$f'(x) = 3x^2 + 2ax + b$이고 $f'(0) = b$이다.

(가)에서

$\dfrac{f(x)}{x} - f'(0) = \dfrac{x^3 + ax^2 + bx}{x} - b = (x^2 + ax + b) - b = x^2 + ax$

따라서 주어진 부등식은 모든 양의 실수 x에 대하여

$6x \le x^2 + ax \le 6x + x^2$

각 변을 x $(x > 0)$로 나누면

$6 \le x + a \le 6 + x$

이 부등식이 모든 양의 실수 x에 대해 성립해야 하므로,

$x \to 0+$ 극한을 취하면

$6 \le a \le 6$

따라서 $a = 6$ 이므로 $f(x) = x^3 + 6x^2 + bx$이다.

(나)에서 함수 $f(x)$는 $x = \alpha$에서 극솟값을 가지므로
$f'(\alpha) = 0$이다.

점 $P(\alpha, f(\alpha))$에서의 접선의 기울기는 0이므로, 접선의 방정식은 상수함수 $y = f(\alpha)$이다.

곡선 $y = f(x)$와 접선 $y = f(\alpha)$가 만나는 점의 x좌표는 방정식 $f(x) - f(\alpha) = 0$의 해와 같다.

이 방정식은 $x = \alpha$에서 접하므로 중근 α를 갖고 다른 한 교점의 x좌표가 -4이므로 실근 -4를 갖는다.

즉, 삼차방정식 $f(x) - f(\alpha) = 0$의 실근은 α(중근), -4이다.

$f(x) - f(\alpha) = x^3 + 6x^2 + bx - f(\alpha) = 0$

세 근의 합은 이차항의 계수의 부호를 바꾼 것과 같으므로

$\alpha + \alpha + (-4) = -6$에서 $\alpha = -1$이다.

즉, 함수 $f(x)$는 $x = -1$에서 극솟값을 갖는다.

따라서 $f'(-1) = 0$이어야 한다.

$f'(x) = 3x^2 + 12x + b$

$f'(-1) = 0 \Rightarrow b - 9 = 0 \Rightarrow b = 9$

그러므로 $f(x) = x^3 + 6x^2 + 9x$이고 $f(2) = 50$이다.

22) 정답 5

두 곡선 $y = a^x$, $y = \log_a x$는 서로 역함수 관계이므로 직선 $y = x$에 대해 대칭이다.

중심이 직선 $y = x$ 위에 있는 원 또한 $y = x$에 대해 대칭이므로, 교점들 중 점 A와 점 C, 점 B와 점 D는 각각 직선 $y = x$에 대해 대칭이다. …… ㉠

따라서 점 A의 좌표를 (α, a^α)라 하면, 점 C의 좌표는 (a^α, α)이고 점 B의 좌표를 (β, a^β)라 하면 점 D의 좌표는 (a^β, β)이다.

㉠에 의해 직선 AB의 기울기를 m이라 하면 직선 CD의 기울기는 $\dfrac{1}{m}$이고 모든 실수 x에 대하여 $a^x > x$이므로

$m > 1$이다.

$m + \dfrac{1}{m} = \dfrac{5}{2}$

$2m^2 - 5m + 2 = 0$

$(m - 2)(2m - 1) = 0$

$\therefore\ m = 2$

따라서 $\dfrac{a^\beta - a^\alpha}{\beta - \alpha} = 2 \rightarrow a^\beta - a^\alpha = 2(\beta - \alpha)$ …… ㉡

한편,
직선 AC와 직선 BD의 기울기는 모두 -1이므로 두 직선 AC와 BD는 평행하다.

따라서 사각형 ACDB는 사다리꼴이다.

선분 AC의 중점을 M, 선분 BD의 중점을 N이라 하면 두 점은 모두 직선 $y = x$위에 있으므로 선분 MN이 사다리꼴 ACDB의 높이다.

점 M의 x좌표는 $\dfrac{\alpha + a^\alpha}{2}$이고 점 N의 x좌표는 $\dfrac{\beta + a^\beta}{2}$이므로 선분 MN의 길이는 두 점의 x좌표의 차의 $\sqrt{2}$ 배다.

$\overline{MN} = \sqrt{2}\left(\dfrac{\beta + a^\beta}{2} - \dfrac{\alpha + a^\alpha}{2}\right)$

$\quad = \sqrt{2}\left(\dfrac{\beta - \alpha}{2} + \dfrac{a^\beta - a^\alpha}{2}\right)$

$\quad = \sqrt{2} \times \dfrac{3(\beta - \alpha)}{2}\ (\because ㉡)$

$\overline{AC} = \sqrt{2(a^\alpha - \alpha)^2} = \sqrt{2}(a^\alpha - \alpha)$

$\overline{BD} = \sqrt{2(a^\beta - \beta)^2} = \sqrt{2}(a^\beta - \beta)$

이므로
사다리꼴 ACDB의 넓이는

$\dfrac{1}{2} \times \overline{MN} \times (\overline{AC} + \overline{BD})$

$= \dfrac{1}{2} \times \sqrt{2} \times \dfrac{3(\beta - \alpha)}{2} \times \sqrt{2}(a^\alpha - \alpha + a^\beta - \beta)$

$= \dfrac{1}{2} \times 3(\beta - \alpha) \times (a^\alpha - \alpha + a^\beta - \beta) = \dfrac{9}{2}$

$\therefore\ (\beta - \alpha) \times (a^\alpha - \alpha + a^\beta - \beta) = 3$

$\beta - \alpha$가 자연수이므로 $\beta - \alpha$는 3의 약수이다.

즉, $\beta - \alpha = 3$ 또는 $\beta - \alpha = 1$이다.

(i) $\beta-\alpha=3$일 때, $a^{\alpha}-\alpha+a^{\beta}-\beta=1$이다.

　　ⓛ에서 $a^{\beta}-a^{\alpha}=2(\beta-\alpha)=6 \rightarrow a^{\beta}=a^{\alpha}+6$이므로

$a^{\alpha}-\alpha+a^{\alpha}+6-\alpha-3=1$

$a^{\alpha+1}-2\alpha=-2$

$a^{\alpha}-\alpha=-1$

　　모든 실수 x에 대하여 $a^{x}>x$에 모순이다.

(ii) $\beta-\alpha=1$일 때, $a^{\alpha}-\alpha+a^{\beta}-\beta=3$이다.

　　ⓛ에서 $a^{\beta}-a^{\alpha}=2(\beta-\alpha)=2 \rightarrow a^{\beta}=a^{\alpha}+2$이므로

$a^{\alpha}-\alpha+a^{\alpha}+2-\alpha-1=3$

$2a^{\alpha}-2\alpha=2$

$a^{\alpha}-\alpha=-1$

$a^{\alpha}=\alpha+1$

　　또, ⓛ에서

$$\frac{a^{\beta}-a^{\alpha}}{1}=a^{\alpha+1}-a^{\alpha}=2 \rightarrow a^{\alpha}(a-1)=2 \rightarrow (\alpha+1)(a-1)=2$$

　　α가 자연수이므로 a도 자연수이어야 한다.

　　따라서 $\alpha=1$, $a=2$뿐이다.

$f(x)=2^{x}$, $g(x)=\log_{2}x$에서 $f(2)+g(2)=4+1=5$이다.

확률과통계

[출제자 : 황보백T]

23) 정답 ⑤

5명을 일렬로 세우는 경우의 수는 $5!$

갑이 을보다 앞에 설 경우의 수는 갑과 을을 같은 것으로 보고 나열한 후 앞에는 갑, 뒤에는 을을 세우면 되므로 경우의 수는

$$\frac{5!}{2!}$$

따라서 구하는 확률은 $\dfrac{\frac{5!}{2!}}{5!}=\dfrac{1}{2}$

24) 정답 ④

$$P(A|B)=\frac{P(A\cap B)}{P(B)}=P(A)=\frac{1}{6}\ (\because\ 사건\ A,\ B는\ 독립사건)$$

$$P(A\cup B)=P(A)+P(B)-P(A\cap B)=\frac{2}{3}$$

$$\frac{1}{6}+P(B)-\frac{1}{6}P(B)=\frac{2}{3}\ \Rightarrow\ P(B)=\frac{3}{5}$$

$$\begin{aligned}P(A\cap B^{c})&=P(A)-P(A\cap B)\\&=P(A)-P(A)P(B)\\&=\frac{1}{6}-\frac{1}{6}\times\frac{3}{5}\\&=\frac{1}{15}\end{aligned}$$

[다른 풀이]

A와 B가 서로 독립이면 A와 B^{c}도 서로 독립이므로

$$\begin{aligned}P(A\cap B^{c})&=P(A)P(B^{c})\\&=P(A)\{1-P(B)\}\\&=\frac{1}{6}\times\frac{2}{5}\\&=\frac{1}{15}\end{aligned}$$

25) 정답 ②

4번째 세트까지만 치르고 A가 우승하기 위해서는 3번째 세트까지 A가 두 번 이기고, 4번째 세트에서 A가 이겨야 하므로 구하는 확률은

$$_{3}C_{2}\left(\frac{1}{3}\right)^{2}\left(\frac{2}{3}\right)^{1}\times\frac{1}{3}$$

$$=3\times\frac{1}{9}\times\frac{2}{3}\times\frac{1}{3}=\frac{2}{27}$$

26) 정답 ⑤

모표준편차가 σg이고 표본의 크기가 49이므로 표본평균을 $\bar{x}$라 하면 모평균 m에 대한 신뢰도 95%의 신뢰구간은

$$\bar{x}-1.96\times\frac{\sigma}{\sqrt{49}}\leq m \leq \bar{x}+1.96\times\frac{\sigma}{\sqrt{49}}$$

$$b-a=2\times1.96\times\frac{\sigma}{7}=28$$

$$\sigma=50$$

27) 정답 ⑤

상자 A의 눈을 a, 상자 B의 눈을 b라 할 때, 표본공간의 크기는 $4\times4=16$이다. $X=|a-b|$가 가질 수 있는 값에 따른 경우의 수를 구하면 다음과 같다.

$X=0$인 경우 : $(a,\ b)\in\{(1,\ 1),(1,\ 1),(3,\ 3)\}$ 이므로 3가지이다.

$$P(X=0)=\frac{3}{16}$$

$X=1$인 경우 : $|2-1|$에서 $2\times2=4$가지, $|2-3|$에서 $2\times1=2$가지로 총 6가지이다.

$$P(X=1)=\frac{6}{16}$$

$X=2$인 경우 : $|1-3|$에서 $1\times1=1$가지, $|3-1|$에서 $1\times2=2$가지, $|3-5|$에서 $1\times1=1$가지로 총 4가지이다.

$$P(X=2)=\frac{4}{16}$$

$X=3$인 경우 : $|2-5|$에서 $2\times1=2$가지이다.

$$P(X=3)=\frac{2}{16}$$

$X=4$인 경우 : $|1-5|$에서 $1\times1=1$가지이다.

$$P(X=4)=\frac{1}{16}$$

확률분포표를 정리하면 다음과 같다.

X	0	1	2	3	4	합계
$P(X=x)$	$\dfrac{3}{16}$	$\dfrac{6}{16}$	$\dfrac{4}{16}$	$\dfrac{2}{16}$	$\dfrac{1}{16}$	1

$$E(X) = \frac{0\times3 + 1\times6 + 2\times4 + 3\times2 + 4\times1}{16} = \frac{6+8+6+4}{16} = \frac{24}{16} = \frac{3}{2}$$

$$E(X^2) = \frac{0^2\times3 + 1^2\times6 + 2^2\times4 + 3^2\times2 + 4^2\times1}{16}$$

$$= \frac{0+6+16+18+16}{16} = \frac{56}{16} = \frac{7}{2}$$

$V(X) = E(X^2) - \{E(X)\}^2$ 이므로

$$V(X) = \frac{7}{2} - \left(\frac{3}{2}\right)^2 = \frac{14}{4} - \frac{9}{4} = \frac{5}{4}$$

따라서 구하는 분산의 값은 $\dfrac{5}{4}$ 이다.

28) 정답 ②
[출제자 : 강동희T]
[검토자 : 최현정T]
빨간색 꽃을 꽃병에 꽂는 경우의 수 : 3
주황색 꽃을 꽃병에 꽂는 경우의 수 : $_3H_2 = 6$
노란색 꽃을 꽃병에 꽂는 경우의 수 : $_3H_3 = 10$
초록색 꽃을 꽃병에 꽂는 경우의 수 : $_3H_4 = 15$
총 경우의 수는 $3\times6\times10\times15 = 2700$
A 꽃병에 꽃이 하나도 없는 경우의 수 :
$2\times{}_2H_2\times{}_2H_3\times{}_2H_4 = 120$
B 꽃병에 꽃이 하나도 없는 경우의 수 : $2\times{}_2H_2\times{}_2H_3\times{}_2H_4 = 120$
A, B 꽃병에 꽃이 하나도 없는 경우의 수 : 1
따라서 규칙 (가)에 따라 꽃을 꽃병에 꽂는 경우의 수
$2700 - (120 + 120 - 1) = 2461$
A 꽃병에 4가지 색의 꽃을 하나씩 꽂으면 주황색 꽃 1개,
노란색 꽃 2개, 초록색 꽃 3개가 남는다.
남은 꽃들을 꽃병에 꽂는 경우의 수를 구해보면,
$3\times{}_3H_2\times{}_3H_3 = 180$
이중에 꽃병 A, C에만 꽃을 꽂는 경우의 수는
$2\times{}_2H_2\times{}_2H_3 = 24$
A 꽃병에 4가지 색의 꽃이 꽂혀있고 B 꽃병에 꽃이 적어도 1개
있는 경우의 수는 $180 - 24 = 156$
따라서 조건 (가), (나)를 만족하는 경우의 수는
$2461 - 156 = 2305$

29) 정답 92
[출제자 : 김수T]
[검토자 : 한정아T]
주머니 A의 카드 중에서 두 장을 선택하는 사건을 C,
주머니 B의 카드 중에서 두 장을 선택하는 사건을 D라 하면 선택한
두 사건에서 공통인 카드의 숫자의 개수가 1인 경우는 그 숫자가
{3} 또는 {4}일 때이다.

사건 C의 경우는
$(1,2), (1,3), (1,4), (2,3), (2,4), (3,4)$ 의 6가지 경우이다.
사건 D의 경우는
$(3,4), (3,5), (3,6), (4,5), (4,6), (5,6)$ 의 6가지 경우이다.
선택한 총 4장의 경우에 공통인 카드의 숫자가 {3} 인 경우는
사건 C의 경우에서 $(1,3), (2,3), (3,4)$
사건 D의 경우에서 $(3,4), (3,5), (3,6)$ 이다.
이 중 $(3,4)$의 경우는 공통된 숫자의 개수가 2이다.
따라서 경우의 수는 $3\times3 - 1 = 8$
선택한 총 4장의 경우에 공통인 카드의 숫자가 {4} 인 경우는
{3} 인 경우와 대칭적으로 경우의 수가 동일하다.

따라서 이 경우의 확률은

$$\frac{8+8}{6\times6} = \frac{16}{36} = \frac{4}{9}$$

이때 공통인 숫자의 갯수가 1인 횟수를 확률변수 X라 하면
X는 이항분포 $B\left(1620, \dfrac{4}{9}\right)$을 따른다.
또한,

$$E(X) = 1620 \times \frac{4}{9} = 720$$

$$\sigma(X) = \sqrt{1620 \times \frac{4}{9} \times \frac{5}{9}} = 20$$

이고 1620은 충분히 큰 수이므로 확률변수 X는 근사적으로
정규분포 $N(720, 20^2)$을 따른다.
따라서
$k = P(740 \leq X \leq 750)$

$$= P\left(\frac{740-720}{20} \leq Z \leq \frac{750-720}{20}\right)$$

$$= P(1 \leq Z \leq 1.5)$$

$$= P(0 \leq Z \leq 1.5) - P(0 \leq Z \leq 1)$$

$$= 0.433 - 0.341 = 0.092$$

따라서 $1000 \times k = 1000 \times 0.092 = 92$

30) 정답 23
[출제자 : 박준석T]
[검토자 : 백상민T]
(1) 학생 A가 밤을 받을 확률은
(1-ⅰ) 학생 A가 15, 학생 B가
　　$n = 2k-1\,(k=2,\ 3,\ 4,\ 5,\ 6,\ 7)$이상의 수를 택할 때
　　구하는 확률은

$$\frac{1}{2} \times \frac{8-k}{6} = \frac{8-k}{12}$$

(1-ⅱ) 학생 A가 1, 학생 B가
　　$n = 2k-1\,(k=2,\ 3,\ 4,\ 5,\ 6,\ 7)$이상인 수를 택할 때
　　구하는 확률은

$$\frac{1}{2} \times \frac{8-k}{6} = \frac{8-k}{12}$$

(1-ⅰ), (1-ⅱ)에서 $p = \dfrac{8-k}{6}$

(2) 학생 B가 밤을 받으려면

(2- ⅰ) 학생 A가 15, 학생 B가

$n=2k-1(k=2,\ 3,\ 4,\ 5,\ 6,\ 7)$미만의 수를 택할 때
구하는 확률은

$$\frac{1}{2}\times\frac{k-2}{6}=\frac{k-2}{12}$$

(2- ⅱ) 학생 A가 1, 학생 B는

$n=2k-1(k=2,\ 3,\ 4,\ 5,\ 6,\ 7)$미만의 수를 택할 때

$$\frac{1}{2}\times\frac{k-2}{6}=\frac{k-2}{12}$$

(2- ⅲ) 학생 A가 1, 학생 B가

$n=2k-1(k=2,\ 3,\ 4,\ 5,\ 6,\ 7)$이상인 수를 택할 때
구하는 확률은

$$\frac{1}{2}\times\frac{8-k}{6}=\frac{8-k}{12}$$

$p=\dfrac{8-k}{6}$, $q=\dfrac{k+4}{12}$이므로

$p=q$이므로

$k=4$이고 $n=7$이다.

$q=\dfrac{2}{3}$

$$\therefore\ 3(n+q)=3\times\left(7+\frac{2}{3}\right)=23$$

미적분

[출제자:황보백T]

23) 정답 ④

(주어진 식)

$$=\lim_{x\to0}\frac{e^{2x}-\cos x}{\sin x(2\cos x-1)}$$
$$=\lim_{x\to0}\left(\frac{e^{2x}-1}{x}+\frac{1-\cos x}{x}\right)\cdot\frac{x}{\sin x}\cdot\frac{1}{2\cos x-1}$$
$$=\lim_{x\to0}\left(\frac{e^{2x}-1}{2x}\times2+\frac{\sin x}{x}\cdot\frac{\sin x}{1+\cos x}\right)\cdot\frac{x}{\sin x}\cdot\frac{1}{2\cos x-1}=2$$

24) 정답 ⑤

함수 $f(x)$의 한 부정적분을 $F(x)$라 하면

$$f(x)=\left[2F\left(\frac{t}{2}\right)\right]_0^{2x}+3$$
$$=2F(x)-2F(0)+3$$

양변을 x에 대하여 미분하면

$$f'(x)=2f(x),\quad \frac{f'(x)}{f(x)}=2$$
$$\int\frac{f'(x)}{f(x)}dx=2x+C\quad(\text{단, }C\text{는 적분상수})$$
$$\therefore\ \ln|f(x)|=2x+C$$

$f(0)=3$이므로 $C=\ln3$

$$\therefore\ f(x)=e^{2x+\ln3}=3e^{2x}\quad(\because f(x)>0)$$
$$\therefore\ f(\ln2)=3e^{\ln4}=12$$

25) 정답 ①

급수 $(a_1-5)+\left(\dfrac{a_2}{2}-5\right)+\left(\dfrac{a_3}{3}-5\right)+\cdots$

가 수렴하므로 $\displaystyle\lim_{n\to\infty}\left(\frac{a_n}{n}-5\right)=0$

$$\therefore\ \lim_{n\to\infty}\frac{a_n}{n}=5$$

$$\lim_{n\to\infty}\frac{3n^2+3na_n-1}{n^2-2na_n+2}=\lim_{n\to\infty}\frac{3+3\cdot\dfrac{a_n}{n}-\dfrac{1}{n^2}}{1-2\cdot\dfrac{a_n}{n}+\dfrac{2}{n^2}}$$
$$=\frac{3+3\cdot5}{1-2\cdot5}=-2$$

26) 정답 ⑤

[출제자 : 황보성호T]
[그림 : 최성훈T]
[검토자 : 필재T]

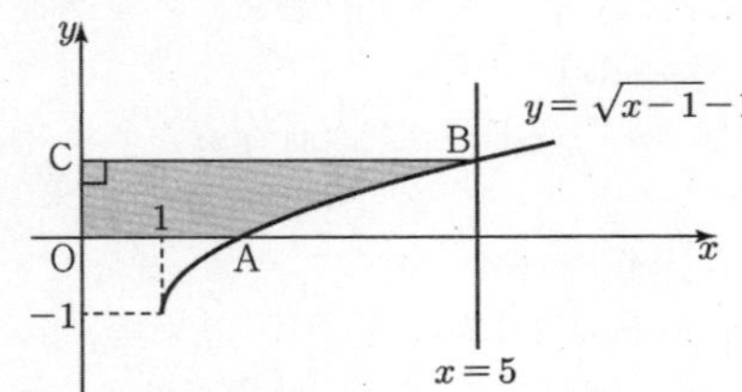

$0=\sqrt{x-1}-1$에서 $x=2$이므로 A(2, 0)

$y=\sqrt{5-1}-1=1$에서 $y=1$이므로 B(5, 1)

점 B에서 x축에 내린 수선의 발을 D라 하자.

위의 그림에서 구하는 도형의 넓이는

(직사각형 ODBC)$-\displaystyle\int_2^5(\sqrt{x-1}-1)dx=5\times1-\int_2^5\left\{(x-1)^{\frac{1}{2}}-1\right\}dx$

$$=5-\left[\frac{2}{3}(x-1)^{\frac{3}{2}}-x\right]_2^5$$
$$=5-\left\{\frac{2}{3}\times(8-1)-(5-2)\right\}$$
$$=\frac{10}{3}$$

27) 정답 ③

$y=f\left(\dfrac{1}{2}x+1\right)$의 역함수는 $x=f\left(\dfrac{1}{2}y+1\right)$이다.

또한 $f(x)$의 역함수가 $g(x)$이므로

$g(x)=g\left(f\left(\dfrac{1}{2}y+1\right)\right)$에서 $g(x)=\dfrac{1}{2}y+1$

$$\therefore\ y=h(x)=2g(x)-2$$

양변을 x에 대하여 미분하면

$$h'(x)=2g'(x)$$

따라서 $h'(1)=2g'(1)=\dfrac{2}{f'(2)}=\dfrac{2}{2}=1$

[다른 풀이]

$y=f\left(\dfrac{1}{2}x+1\right)$의 역함수가 $h(x)$이므로

$$f\left(\dfrac{1}{2}h(x)+1\right)=x$$

이때, $f(x)$의 역함수가 $g(x)$이므로

$$g(x)=\dfrac{1}{2}h(x)+1$$

양변을 x에 대하여 미분하면 $g'(x)=\dfrac{1}{2}h'(x)$

$$\therefore\ h'(x)=2g'(x)$$

따라서 $h(1)=2g'(1)=\dfrac{2}{f'(2)}=\dfrac{2}{2}=1$

28) 정답 ⑤
[출제자 : 김상호T]
[검토자 : 박형민T]
조건 (나)에서 $\cos g(\pi)=-1$이므로 $\sin g(\pi)=0$
$g(\pi)=(2n+1)\pi\,(n$은 정수$)$로 볼 수 있다.
$f(x)=2g(x)-2\tan g(x)$이므로
$f'(x)=2g'(x)\{1-\sec^2 g(x)\}=-2g'(x)\tan^2 g(x)$
$x=\pi$ 대입하면
$f'(\pi)=-2g'(\pi)\tan^2 g(\pi)=0$
조건 (가)에서 $f''(\pi)=0$이므로
$f(x)=a(x-\pi)^3+b\,(a,\ b$는 상수, $a\neq 0)$라 하면
조건 (가)에서 $f(0)=0$이므로
$f(0)=-a\pi^3+b=0$

$$\therefore\ b=a\pi^3$$

$f(x)=a(x-\pi)^3+a\pi^3$
에서 $f(\pi)=a\pi^3$
$g(\pi)=(2n+1)\pi$이므로
$f(\pi)=2g(\pi)-2\tan g(\pi)=(4n+2)\pi$

$$\therefore\ a=\dfrac{4n+2}{\pi^2}$$

이때, 모든 실수 x에 대하여 $\tan g(x)$가 정의되려면 모든 실수
x에 대하여 $g(x)\neq k\pi+\dfrac{\pi}{2}\,(k$는 정수$)$이다.

$\displaystyle\lim_{x\to\infty}g(x)=\dfrac{\pi}{2}$이므로 $g(x)$의 치역은 $\left(\dfrac{\pi}{2},\ \dfrac{3\pi}{2}\right)$ 또는 $\left(-\dfrac{\pi}{2},\ \dfrac{\pi}{2}\right)$
이여야 한다.
$f'(x)=3a(x-\pi)^2$이므로 $3a(x-\pi)^2=-2g'(x)\tan^2 g(x)$
$a>0$이면 $f'(x)\geq 0$, $g'(x)\leq 0$이므로 $g(x)$는 감소함수이고,
$a<0$이면 $f'(x)\leq 0$, $g'(x)\geq 0$이므로 $g(x)$는 증가함수이다.
따라서, $a>0$이면 $g(x)$의 치역은 $\left(\dfrac{\pi}{2},\ \dfrac{3\pi}{2}\right)$, $a<0$이면 $g(x)$의
치역은 $\left(-\dfrac{\pi}{2},\ \dfrac{\pi}{2}\right)$이다.
$g(\pi)=(2n+1)\pi$가 치역 $\left(\dfrac{\pi}{2},\ \dfrac{3\pi}{2}\right)$ 안에 속해야 하므로 $n=0$이다.

$$\therefore\ a=\dfrac{2}{\pi^2}$$

$$\therefore\ f(x)=\dfrac{2}{\pi^2}(x-\pi)^3+\dfrac{2}{\pi},\ f'(x)=\dfrac{6}{\pi^2}(x-\pi)^2$$

한편, 조건 (가)에서 $f(0)=0$이므로
$g(0)-\tan g(0)=0$이므로 $\tan g(0)=g(0)$
$f'(0)=-2g'(0)\tan^2 g(0)=-2g'(0)\{g(0)\}^2$이고 $f'(0)=\dfrac{6}{\pi^2}(0-\pi)^2=6$

$$\therefore\ g'(0)\{g(0)\}^2=-3$$

$\displaystyle\lim_{x\to 0}\dfrac{\{g(x)\}^3-\{g(0)\}^3}{x}=3g'(0)\{g(0)\}^2=-9$

29) 정답 611
[출제자 : 김진성T]
[검토자 : 최병길T]
정수항은 세 개만 존재해야 하고 세 정수 항을 a,b,c
$(|a|>|b|>|c|)$ 라 하자.
조건(나)에서 $abc=1000$ 이므로 세수가 등비수열이고 공비가
유리수 일 때 만 세수가 정수이고 나머지 항은 정수가 아닌
유리수가 될 수 있다.　따라서 가능한 $(|a|,|b|,|c|)$쌍으로
$(100,10,1)$, $(50,10,2)$, $(25,10,4)$, $(20,10,5)$ 이고 $\displaystyle\sum_{n=1}^{\infty}a_n=\dfrac{q}{p}>0$
이므로 초항이 양수 이어야 한다.

(i) $(|a|,|b|,|c|)=(100,10,1)$인 경우

$r^n=\pm\dfrac{1}{10}$ 유리수 공비로 $r=\pm\dfrac{1}{10}$ 가능하다.

$r=\dfrac{1}{10}$일때 $100,10,1,\dfrac{1}{10},\cdots$ 이고 $a_1+a_2<40$ 와 모순

$r=-\dfrac{1}{10}$일 때 $-100,10,-1,\dfrac{1}{10},\cdots$에서 초항이 음수이므로
모순
(ii) $(|a|,|b|,|c|)=(50,10,2)$인 경우

$r^n=\pm\dfrac{1}{5}$ 유리수 공비로 $\pm\dfrac{1}{5}$이 가능하다.

$r=\dfrac{1}{5}$일 때 $50,10,2,\dfrac{2}{5},\cdots$ 이고 $a_1+a_2<40$ 와 모순

$r=-\dfrac{1}{5}$일 때 $-50,10,-2,\dfrac{2}{5},\cdots$ 에서 초항이 음수이므로 모순
(iii) $(|a|,|b|,|c|)=(20,10,5)$인 경우

$r^n=\pm\dfrac{1}{2}$ 유리수 공비로 $\pm\dfrac{1}{2}$이 가능하다.

$r=\dfrac{1}{2}$일 때 $20,10,5,\dfrac{5}{2},\cdots$ 이고 $a_1+a_2<40$ 가능하고

$\displaystyle\sum_{n=1}^{\infty}a_n=\dfrac{20}{1-\dfrac{1}{2}}=40$ 이다.

$r=-\dfrac{1}{2}$일 때 $-20,10,-5,\cdots$ 에서 초항이 음수이므로 모순
(iv) $(|a|,|b|,|c|)=(25,10,4)$인 경우

$r^n=\pm\dfrac{2}{5}$ 유리수 공비로 $\pm\dfrac{2}{5}$이 가능하다.

$r=\dfrac{2}{5}$ 일 때 $25,10,4,\cdots$ 는 $a_1+a_2<40$ 이고

$$\sum_{n=1}^{\infty} a_n = \frac{25}{1-\frac{2}{5}} = \frac{125}{3}$$ 이다.

$r=-\frac{2}{5}$ 일 때 $\frac{125}{2}, -25, 10, -4, \cdots$ 는 $a_1+a_2<40$ 이고

$$\sum_{n=1}^{\infty} a_n = \frac{\frac{125}{2}}{1+\frac{2}{5}} = \frac{625}{14}$$ 이다.

$(i) \sim (iv)$에 의해서 $\displaystyle\sum_{n=1}^{\infty} a_n$로 가능한 값은 40, $\frac{125}{3}$, $\frac{625}{14}$ 이고

이 값들 중에서 제일 큰 값은 $\frac{625}{14}=\frac{q}{p}$ 이므로 $q-p=611$

30) 정답 28
[출제자 : 오세준T]
[검토자 : 이지훈T]

$f(x)=\ln\left|\dfrac{g(x)}{2^x \ln 2 + 2^x f'(x)}\right|$에서

$g(x)=e^{f(x)}(2^x \ln 2 + 2^x f'(x)) = \{2^x e^{f(x)}\}'$ …… ㉠

또한, $2^x e^{f(x)} f'(x) = g(x) - 2^x \ln 2 \, e^{f(x)}$ …… ㉡

$\displaystyle\int_0^1 g(x)\,dx = 17\ln 4$에서

$\displaystyle\int_0^1 g(x)\,dx = \int_0^1 \{2^x e^{f(x)}\}'\,dx \ (\because ㉠)$

$\qquad = \left[2^x e^{f(x)}\right]_0^1$

$\qquad = 2e^{f(1)} - e^{f(0)} = 17\ln 4$ …… ㉢

$\displaystyle\int_0^1 4^x e^{f(x)}\,dx = \left[\frac{4^x}{\ln 4}e^{f(x)}\right]_0^1 - \frac{1}{\ln 4}\int_0^1 4^x e^{f(x)} f'(x)\,dx$

$\qquad = \dfrac{4e^{f(1)}-e^{f(0)}}{\ln 4} - \dfrac{1}{\ln 4}\displaystyle\int_0^1 2^x \{2^x e^{f(x)} f'(x)\}\,dx$

$\qquad = \dfrac{4e^{f(1)}-e^{f(0)}}{\ln 4} - \dfrac{1}{\ln 4}\displaystyle\int_0^1 2^x \{g(x) - 2^x \ln 2 \, e^{f(x)}\}\,dx$
$\qquad\qquad\qquad\qquad\qquad\qquad\qquad (\because ㉡)$

$\qquad = \dfrac{4e^{f(1)}-e^{f(0)}}{\ln 4} - \dfrac{1}{\ln 4}\displaystyle\int_0^1 2^x g(x)\,dx + \dfrac{1}{2}\int_0^1 4^x e^{f(x)}\,dx$

이므로

$\dfrac{1}{2}\displaystyle\int_0^1 4^x e^{f(x)}\,dx = \dfrac{4e^{f(1)}-e^{f(0)}}{\ln 4} - \dfrac{1}{\ln 4}\int_0^1 2^x g(x)\,dx$

$\therefore \displaystyle\int_0^1 4^x e^{f(x)}\,dx = \dfrac{4e^{f(1)}-e^{f(0)}}{\ln 2} - \dfrac{1}{\ln 2}\int_0^1 2^x g(x)\,dx$

$\qquad = \dfrac{2e^{f(1)}+2e^{f(1)}-e^{f(0)}}{\ln 2} - \dfrac{1}{\ln 2}\times 3\ln 4$

$\qquad = \dfrac{2e^{f(1)}}{\ln 2} + 34 - 6 \ (\because ㉢)$

$\qquad = \dfrac{2e^{f(1)}}{\ln 2} + 28$

$\displaystyle\int_0^1 4^x e^{f(x)}\,dx - \dfrac{2e^{f(1)}}{\ln 2} = 28$

23) 정답 ④

포물선 $y^2=4px$의 준선은 $x=-p$이므로 포물선

$y^2=-16x$에서 $p=-4$이므로 준선은 $x=4$

$\therefore \ k=4$

24) 정답 ①
[검토자 : 김진성T]

$\dfrac{x-2}{3}=\dfrac{1-y}{4}$ 의 방향벡터는 $\overrightarrow{u_1}=(3,-4)$

$3-x=\dfrac{1-y}{2}$ 의 방향벡터는 $\overrightarrow{u_2}=(-1,-2)$

$\overrightarrow{u_1}\cdot\overrightarrow{u_2} = |\overrightarrow{u_1}||\overrightarrow{u_2}|\cos\theta$에서

$-3+8 = 5\sqrt{5}\cos\theta$

$\therefore \ \cos\theta = \dfrac{\sqrt{5}}{5}$

25) 정답 ①

선분 AB를 $3:1$로 내분하는 점의 좌표는

$\left(\dfrac{3\times 1 + 1\times 5}{3+1}, \dfrac{3\times 2 + 1\times a}{3+1}, \dfrac{3\times b + 1\times 3}{3+1}\right)$

$= (2,1,-3)$

$\dfrac{6+a}{4}=1$, $\dfrac{3b+3}{4}=-3$이므로 $a=-2$, $b=-5$

$\therefore a+b=-7$

26) 정답 ①
[그림 : 이정배T]

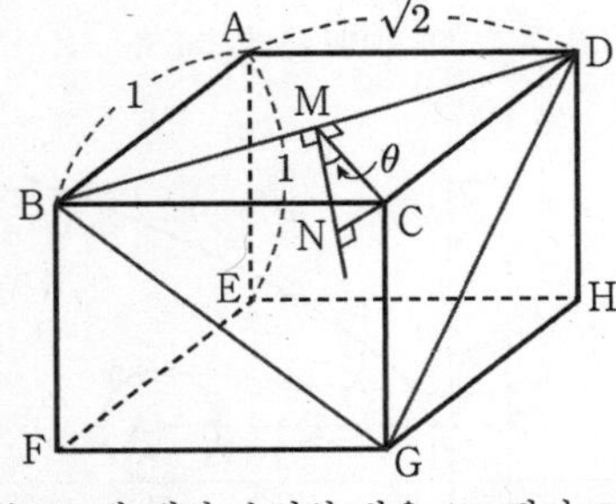

점 C에서 선분 BD에 내린 수선의 발을 M, 평면 BDG에 내린 수선의 발을 N이라 하면 $\cos\angle CMN$ 구하면 된다.

직각삼각형 BCD에서 일명 소공식에 의해 $\overline{CM}=\dfrac{\sqrt{2}}{\sqrt{3}}$ 이다.

선분 $\overline{CN}$의 길이를 구하기 위해서 부피를 이용하면

$\dfrac{1}{3}\times$(삼각형 BDG의 넓이)$\times\overline{CN} = \dfrac{1}{3}\times$(삼각형 BCG의 넓이)$\times\overline{CD}$

에서 삼각형 BDG의 넓이는

$\frac{1}{2} \times \overline{DG} \times \overline{BS} = \frac{1}{2} \times \sqrt{2} \times \frac{\sqrt{5}}{\sqrt{2}} = \frac{\sqrt{5}}{2}$ (점 S는 점 B의 선분 DG의 수선의 발)

$\frac{1}{3} \times \frac{\sqrt{5}}{2} \times \overline{CN} = \frac{1}{3} \times \frac{\sqrt{2}}{2} \times 1$

$\overline{CN} = \frac{\sqrt{2}}{\sqrt{5}} \Rightarrow \overline{MN} = \sqrt{\left(\frac{\sqrt{2}}{\sqrt{3}}\right)^2 - \left(\frac{\sqrt{2}}{\sqrt{5}}\right)^2} = \frac{2}{\sqrt{15}}$

따라서 $\cos\theta = \frac{\sqrt{10}}{5}$ 이다.

[다른 풀이] – 이소영T

삼각형 BCD와 삼각형 BGD가 이루는 각의 크기를 θ라 할 때, 삼각형 BGD를 평면 BCD로 정사영하면 삼각형 BCD가 되므로 정사영을 사용하여 $\cos\theta$를 구해보자.

$\triangle BGD \cos\theta = \triangle BCD \cdots\cdots ①$

삼각형 BGD에서 $\overline{BD} = \sqrt{3}$, $\overline{DG} = \sqrt{2}$, $\overline{BG} = \sqrt{3}$ 이고

$\angle DBG = \alpha$라 하면 $\cos\alpha = \frac{3+3-2}{2\sqrt{3}\sqrt{3}} = \frac{2}{3}$ 이다.

$\triangle BGD = \frac{1}{2}\overline{BD}\,\overline{BG}\sin\alpha = \frac{1}{2} \cdot 3 \cdot \frac{\sqrt{5}}{3}$

①에 식에 대입하면

$\frac{\sqrt{5}}{2}\cos\theta = \frac{\sqrt{2}}{2}$ 이므로 $\cos\theta = \frac{\sqrt{10}}{5}$ 이다.

27) 정답 ②

원의 중심을 $A(a, 1)$이라 하고, 점 P에서 포물선의 준선 $x=-1$에 내린 수선의 발을 H, 원과 x축이 만나는 점을 B라 하자.

포물선의 정의에 의하여 $\overline{PF} = \overline{PH}$이고

$\overline{AQ} = 1$이므로 $\overline{QP} = \overline{QP} + \overline{AQ} - 1$이다.

따라서 $\overline{QP} + \overline{PF} = \overline{QP} + \overline{AQ} - 1 + \overline{PH}$이므로

$\overline{AQ} + \overline{QP} + \overline{PH} - 1$의 최솟값은 5이다.

$\overline{AQ} + \overline{QP} + \overline{PH}$는 그림과 같이 네 점 A, Q, P, H가 일직선 위에 있을 때 최소이고 $\overline{AQ} + \overline{QP} + \overline{PH}$의 최솟값은 $\overline{AH}$이므로

$\overline{AH} = a - (-1) = a + 1$이다.

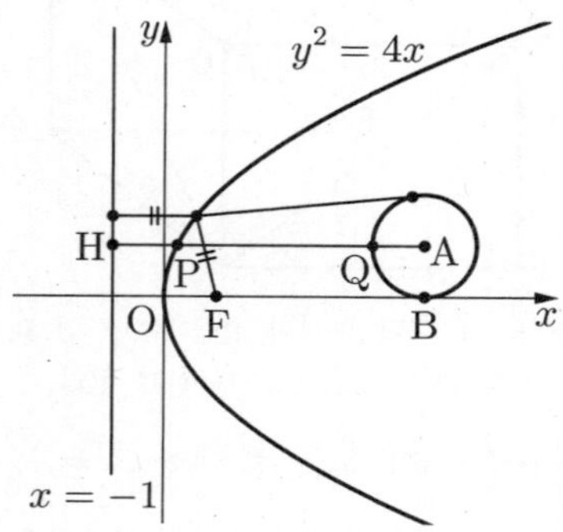

따라서 $\overline{AQ} + \overline{QP} + \overline{PH} - 1 \geq \overline{AH} - 1 = 5$에서

$\overline{AH} = 6$이므로 $a = 5$이다.

28) 정답 ①

[출제자 : 이소영T]
[그림 : 최성훈T]
[검토자 : 김경민T]

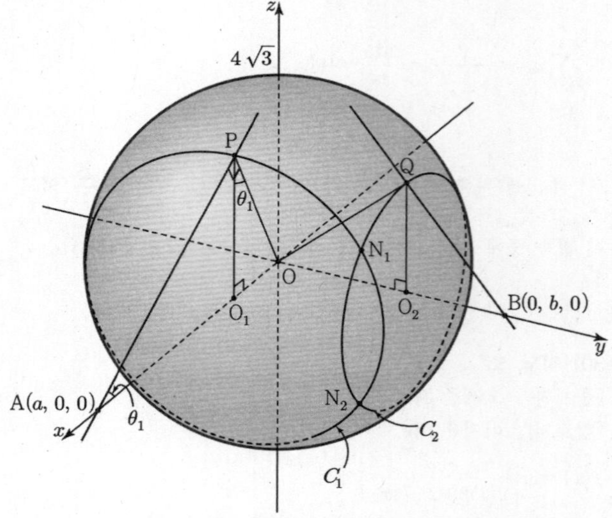

구 $S : x^2 + y^2 + z^2 = 48$의 반지름은 $4\sqrt{3}$이고, 점 A에서 구 S 위에 그은 접선의 접점의 자취 C_1과 점 B에서 구 S 위에 그은 접선의 접점의 자취 C_2를 표현하면 위의 그림과 같다. 도형 C_1의 중심을 O_1, 도형 C_2의 중심을 O_2라 하자.

$\overline{OP}$를 도형 C_1으로 정사영한 길이는 6이므로 $\angle POO_1 = \theta_1$라 하면

$\overline{OP}\cos\theta_1 = 6$

$4\sqrt{3}\cos\theta_1 = 6$

$\cos\theta_1 = \frac{\sqrt{3}}{2}$

$\theta_1 = \frac{\pi}{6}$이 되므로 $\overline{OO_1} = 2\sqrt{3}$이다. $\cdots\cdots ㉠$

$\angle APO = \frac{\pi}{2}$이므로 $\angle POO_1 = \frac{\pi}{3}$이고 $\angle PAO = \theta_1 = \frac{\pi}{6}$이 된다.

따라서 $\overline{OA} = \overline{OP} \times 2 = 8\sqrt{3}$이므로 $a = 8\sqrt{3}$임을 알 수 있다.

또, $\cos(\angle N_1 O N_2) = \frac{5}{8}$이므로

$\frac{48 + 48 - \overline{N_1 N_2}^2}{2 \cdot 4\sqrt{3} \cdot 4\sqrt{3}} = \frac{5}{8}$

$\frac{96 - \overline{N_1 N_2}^2}{12} = 5$

$\overline{N_1 N_2}^2 = 36$

$\overline{N_1 N_2} = 6$이다.

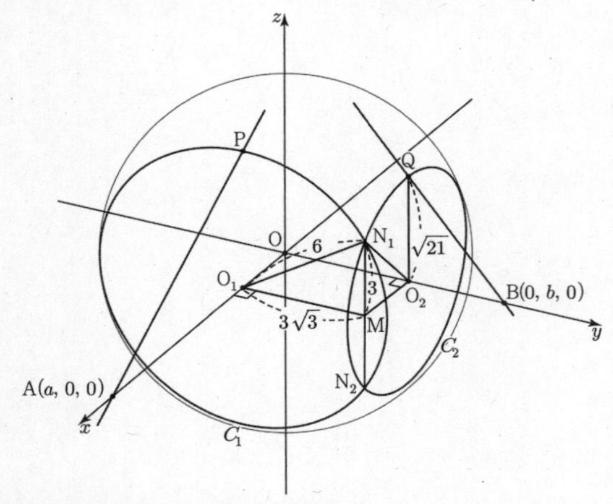

두 교점 N_1, N_2의 중점을 M이라 하면
$\triangle O_1 MN_1$에서 피타고라스를 활용하면
$$36 = \overline{O_1 M}^2 + 9$$
$\overline{O_1 M} = 3\sqrt{3}$이 되고, ㉠에서 $\overline{OO_1} = 2\sqrt{3}$이므로
$M(2\sqrt{3}, 3\sqrt{3}, 0)$이다.
따라서 $O_2(0, 3\sqrt{3}, 0)$이고 $\triangle O_2 N_1 M$에서 피타고라스를 활용하면
$$\overline{O_2 N_1}^2 = 9 + 12$$
$\overline{O_2 N_1} = \sqrt{21}$이다.
$\triangle OQB$에서 $\overline{OQ}^2 = \overline{OO_2} \times \overline{OB}$
$$48 = 3\sqrt{3} \times \overline{OB}$$
$\overline{OB} = \dfrac{16\sqrt{3}}{3}$이므로 $b = \dfrac{16\sqrt{3}}{3}$이다.
$ab = 8\sqrt{3} \times \dfrac{16\sqrt{3}}{3} = 128$이다.

29) 정답 25
[출제자 : 정일권T]
[그림 : 서태욱T]
[검토자 : 서영만T]

포물선의 초점이 x축 위에 있으므로 $y^2 = 4p(x+m)$이고
초점이 $(4, 0)$, 준선의 방정식이 $x = 0$이므로 $p = 2$,
꼭짓점의 좌표가 $(2, 0)$
따라서 포물선의 방정식은 $y^2 = 8(x-2)$이다.
한편 $\overline{PH} : \overline{HF} = 1 : \sqrt{3}$이므로 $\overline{PH} = k$, $\overline{HF} = \sqrt{3}k$라 하면
점 $P(k, \sqrt{8(k-2)})$이고, 삼각형 HOF(단, 점 O는 원점)의 피타고라스 정리에 의해
$$3k^2 = 8(k-2) + 4^2$$
$k = \dfrac{8}{3}$. 점 $P\left(\dfrac{8}{3}, \dfrac{4}{\sqrt{3}}\right)$
점 P는 타원 위의 점이고 초점이 $F(4, 0)$, $F'(-4, 0)$이므로
$$\dfrac{\left(\dfrac{8}{3}\right)^2}{a^2} + \dfrac{\left(\dfrac{4}{\sqrt{3}}\right)^2}{b^2} = 1 \qquad \cdots ㉠$$
$$a^2 = b^2 + 4^2 \qquad \cdots ㉡$$

㉠, ㉡을 연립하면
$$a = \dfrac{4 + 4\sqrt{7}}{3}$$ (넓이를 구하기 위해서는 b를 소거하여 a의 값만
구하면 된다.)
삼각형 BP'P의 넓이는 BP'//AP이므로
$$\triangle BP'P = \triangle BP'A = \triangle ABP$$
따라서
$$\triangle BP'P = \dfrac{1}{2} \times 2a \times \dfrac{4}{\sqrt{3}}$$
$$= \dfrac{16}{9} \times (\sqrt{3} + \sqrt{21})$$
$$\therefore p + q = 9 + 16 = 25$$

[참고]
삼각형의 넓이를 구하기 위해서는 장축의 길이를 알면 a의 값을
구하므로 $\overline{PF'}$의 길이와 $\overline{PF}$의 합을 이용하여 $2a$의 값을 구할 수 있다.

30) 정답 12
[출제자 : 이정배T]

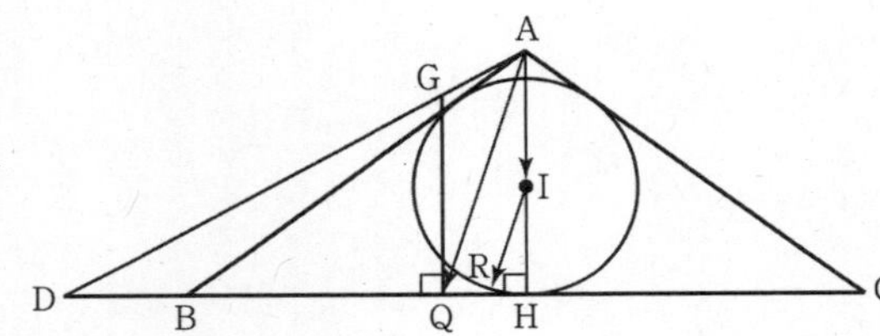

$\overrightarrow{OD} = \dfrac{5\overrightarrow{OB} - \overrightarrow{OC}}{5 - 1}$이므로 점 D는 선분 CB를 $5 : 1$로 외분하는 점이다.

선분 DA를 $5 : 1$로 내분하는 점을 G라 하면
$|5\overrightarrow{PA} + \overrightarrow{PD}| = 6|\overrightarrow{PG}|$이므로 선분 PG의 길이가 최소일 때
$|5\overrightarrow{PA} + \overrightarrow{PD}|$가 최소이다. 즉, 점 Q는 점 G에서 선분 CD에 내린
수선의 발이고 $\overline{DQ} : \overline{QH} = 5 : 1$이다.
점 A에서 선분 BC에 내린 수선의 발을 H라 하면 $\overline{AH} = 3$,
$\overline{DH} = 6$, $\overline{QH} = \dfrac{1}{6}\overline{DH} = 1$이고 $\overline{AQ} = \sqrt{10}$이다.

그러면 점 I는 내심이고 $\overline{AB} : \overline{BH} = 5 : 4$이므로
$\overline{AI} : \overline{IH} = 5 : 4$이다. 따라서 점 R은 삼각형 ABC의 내접원 위의
점이고 $\overline{IR} = \overline{IH} = \dfrac{4}{9}\overline{AH} = \dfrac{4}{3}$이다.
$$\begin{aligned}
\overrightarrow{AQ} \cdot \overrightarrow{AR} &= \overrightarrow{AQ} \cdot (\overrightarrow{AI} + \overrightarrow{IR}) = \overrightarrow{AQ} \cdot \overrightarrow{AI} + \overrightarrow{AQ} \cdot \overrightarrow{IR} \\
&= |\overrightarrow{AQ}||\overrightarrow{AI}|\cos(\angle QAH) + \overrightarrow{AQ} \cdot \overrightarrow{IR} \\
&= 3 \times \dfrac{5}{9} \times 3 \times + \overrightarrow{AQ} \cdot \overrightarrow{IR} = 5 + \overrightarrow{AQ} \cdot \overrightarrow{IR}
\end{aligned}$$
이때, $\overrightarrow{AQ} \cdot \overrightarrow{IR}$는 두 벡터 $\overrightarrow{AQ}$와 $\overrightarrow{IR}$가 방향이 같을 때
최대이므로
$$\overrightarrow{AQ} \cdot \overrightarrow{AR} = 5 + \overrightarrow{AQ} \cdot \overrightarrow{IR} \leq 5 + \sqrt{10} \times \dfrac{4}{3} = 5 + \dfrac{4}{3}\sqrt{10}$$
따라서 $p = 5$, $q = \dfrac{4}{3}$이므로 $(p+4)q = 12$

수능 대비 랑데뷰 싱크로율 99% 모의고사 3회

공통과목

1	⑤	2	④	3	⑤	4	④	5	④
6	④	7	②	8	①	9	③	10	①
11	⑤	12	③	13	③	14	③	15	②
16	4	17	200	18	144	19	20	20	674
21	10	22	320						

확률과통계

23	①	24	④	25	④	26	②	27	④
28	①	29	3	30	133				

미적분

23	③	24	②	25	①	26	④	27	①
28	⑤	29	71	30	11				

기하

23	④	24	③	25	⑤	26	②	27	④
28	③	29	54	30	64				

풀이

공통과목
[출제자 : 황보백T]

1) 정답 ⑤

$$\frac{3^{\sqrt{5}+2}}{3^{\sqrt{5}-2}} = 3^4 = 81$$

2) 정답 ④

$$\int_{-3}^{3} f(x)\,dx = \int_{-3}^{3}(4x^3 + ax^2 + 1)\,dx$$
$$= 2\int_{0}^{3}(ax^2 + 1)\,dx$$
$$= 2\left[\frac{1}{3}ax^3 + x\right]_{0}^{3}$$
$$= 2\{(9a+3)-(0+0)\}$$
$$= 24$$

따라서 $18a + 6 = 24$, $a = 1$

$f(x) = 4x^3 + x^2 + 1$이므로 $f(1) = 4 + 1 + 1 = 6$

3) 정답 ⑤

$\displaystyle\sum_{k=1}^{5}(a_k + 1) = 10$에서

$\displaystyle\sum_{k=1}^{5} a_k + \sum_{k=1}^{5} 1 = \sum_{k=1}^{5} a_k + 5 = 10$이므로

$\displaystyle\sum_{k=1}^{5} a_k = 5$

$\displaystyle\sum_{k=1}^{5}(b_k - 2) = 0$에서

$\displaystyle\sum_{k=1}^{5} b_k - \sum_{k=1}^{5} 2 = \sum_{k=1}^{5} b_k - 10 = 0$이므로

$\displaystyle\sum_{k=1}^{5} b_k = 10$

$\therefore \displaystyle\sum_{k=1}^{5}(a_k + b_k) = 5 + 10 = 15$

4) 정답 ④

$x = 2$에서 연속이므로

$2^b = 4$, $b = 2$

$x < 2$에서 $f'(x) = a$, $x \geq 2$에서 $f'(x) = bx^{b-1}$이므로

$b \times 2^{b-1} = a$, $\therefore a = 4$

그러므로 $a + b = 6$

5) 정답 ④

$\displaystyle\int_{1}^{x} f'(x)\,dx = (x-a)^3 + 8$의 양변에 $x = 1$을 대입하면

$\displaystyle\int_{1}^{1} f'(x)\,dx = (1-a)^3 + 8$, $(1-a)^3 = -8$,

$1 - a = -2$ 따라서 $a = 3$

$\displaystyle\int_{1}^{x} f'(x)\,dx = (x-3)^3 + 8$의 양변에 $x = 3$을 대입하면

$\Big[f(x)\Big]_{1}^{3} = 8$

$\therefore f(3) - f(1) = 8$

6) 정답 ④

$\tan\theta - \dfrac{12}{\tan\theta} = 1, \tan^2\theta - \tan\theta - 12 = 0$

$(\tan\theta - 4)(\tan\theta + 3) = 0$

한편, $\dfrac{\pi}{2} < \theta < \pi$일 때 $\tan\theta < 0$이므로

$\tan\theta = -3$

따라서 $\sin\theta = \dfrac{3\sqrt{10}}{10}$, $\cos\theta = -\dfrac{\sqrt{10}}{10}$이므로

$\sin\theta + \cos\theta = \dfrac{3\sqrt{10}}{10} - \dfrac{\sqrt{10}}{10} = \dfrac{\sqrt{10}}{5}$

7) 정답 ②

$2x^3 - 2x^2 + 3x = 3x \Rightarrow 2x^2(x-1) = 0 \Rightarrow x=0$ 또는

$x=1$

이므로

$$(구하는 \ 넓이) = \int_0^1 |(2x^3 - 2x^2 + 3x) - 3x| dx$$

$$= \int_0^1 (-2x^3 + 2x^2) dx$$

$$= \frac{1}{6}$$

이다.

8) 정답 ①

[제작자 : 랑데뷰수학 황보백T]

$\sin\left(\frac{3\pi}{2} + \theta\right) > 0 \Rightarrow -\cos\theta > 0 \Rightarrow \cos\theta < 0 \cdots\cdots \bigcirc$

$\cos\theta - 2\sin\theta = 0 \Rightarrow \tan\theta = \frac{1}{2} \cdots\cdots \bigcirc$

$\bigcirc$, $\bigcirc$에서 θ는 제3사분면의 각이다.

따라서 $\sin\theta = \dfrac{1}{\sqrt{5}} = \dfrac{\sqrt{5}}{5}$이다.

9) 정답 ③

[제작자 : 랑데뷰수학 황보백T]

$f'(x) = 4x^3 - 12ax^2 + 8a^2 x$

$\quad = 4x(x^2 - 3ax + 2a^2)$

$\quad = 4x(x-a)(x-2a)$

$f'(x) = 0 \Rightarrow x=0, \ x=a, \ x=2a$

이고

$f(0) = f(2a) = b$

$f(a) = a^4 - 4a^4 + 4a^4 + b = a^4 + b$

이므로

사차함수 $f(x)$는 $x=0$과 $x=2a$에서 극솟값 b를 가지고

$x=a$에서 극댓값 $a^4 + b$를 가진다.

$\alpha = b$, $\alpha + 1 = a^4 + b$에서 $a=1$이다.

따라서 $f'(x) = 4x(x-1)(x-2)$이고

$f'(3) = 4 \times 3 \times 2 \times 1 = 24$이다.

10) 정답 ①

[제작자 : 랑데뷰수학 황보백T]

점 A는 곡선 $y = \log_a(x+4)$ 위의 제1사분면 점이므로, 좌표를

$A(x_1, y_1)$라 하면 $x_1 > 0, \ y_1 > 0$이다.

점 B는 점 A를 지나고 x축에 평행한 직선이 y축과 만나는

점이므로, 좌표는 $B(0, y_1)$이다.

선분 AB의 길이가 점 B의 y좌표의 2배와 같으므로

선분 AB의 길이는 수평 거리이므로 $\overline{AB} = x_1$이다.

따라서 이 조건은 $x_1 = 2y_1$ 이다. $\cdots\cdots \bigcirc$

삼각형 AOB의 넓이는 $\dfrac{1}{2} \times \overline{OB} \times \overline{AB} = \dfrac{1}{2} y_1 x_1 = 4$, 즉 $x_1 y_1 = 8$

이다. $\cdots\cdots \bigcirc$

$\bigcirc$, $\bigcirc$에서 $y_1^2 = 4$, $y_1 = 2$, $x_1 = 4$이다.

$A(4,2)$이고 점 A가 곡선 $y = \log_a(x+4)$위의 점이므로

$\log_a 8 = 2 \Rightarrow a^2 = 8$

$\therefore \ a = \sqrt{2}$

11) 정답 ⑤

[제작자 : 랑데뷰수학 황보백T]

ㄱ. $v(t) = t^2 - 3t + k$는 아래로 볼록한 이차함수이며, 대칭축은

$t = \dfrac{3}{2}$이다.

$t > 0$에서 $v(t)$의 부호가 일정하려면, 이 구간에서 항상

$v(t) \geq 0$ 이거나 항상 $v(t) \leq 0$ 이어야 한다. 아래로 볼록한

포물선이므로 항상 $v(t) \leq 0$일 수는 없으므로 $t > 0$에서 항상

$v(t) \geq 0$이어야 한다. 이는 $v(t)$의 최솟값이 0이상임을

의미하므로

$$v\left(\frac{3}{2}\right) = \left(\frac{3}{2}\right)^2 - 3\left(\frac{3}{2}\right) + k = \frac{9}{4} - \frac{9}{2} + k = k - \frac{9}{4} \geq 0$$

$k \geq \dfrac{9}{4}$이면 점 P는 운동 방향을 바꾸지 않는다. (참)

ㄴ. 시각 t에서의 위치를 $x(t)$라 하면, $x(0) = 0$이므로 $t=3$에서의

위치는 다음과 같다.

$$x(3) = \int_0^3 v(t) dt$$

$$= \int_0^3 (t^2 - 3t + k) dt = \left[\frac{1}{3}t^3 - \frac{3}{2}t^2 + kt\right]_0^3$$

$$x(3) = \left(9 - \frac{27}{2} + 3k\right) - 0 = 3k - \frac{9}{2} = \frac{9}{2}$$

$k = 3$ (참)

ㄷ. $k=2$일 때, $v(t) = t^2 - 3t + 2 = (t-1)(t-2)$ 이다.

$t=0$에서 $t=3$까지 움직인 거리 $= \displaystyle\int_0^3 |t^2 - 3t + 2| dt$

$v(t)$는 $t=1,2$에서 부호가 바뀌므로, 적분 구간을 나눈다.

$$\int_0^1 (t^2 - 3t + 2) dt + \int_1^2 -(t^2 - 3t + 2) dt + \int_2^3 (t^2 - 3t + 2) dt$$

$v(t)$는 대칭축 $t = \dfrac{3}{2}$에 대해 대칭이므로 $\displaystyle\int_0^1 v(t) dt$와

$\displaystyle\int_2^3 v(t) dt$의 값은 같다.

$$\int_0^1 (t^2 - 3t + 2) dt = \left[\frac{t^3}{3} - \frac{3t^2}{2} + 2t\right]_0^1 = \frac{1}{3} - \frac{3}{2} + 2 = \frac{5}{6}$$

이차함수 넓이 공식으로

$$\int_1^2 |t^2 - 3t + 2| dt = \frac{|1|}{6}(2-1)^3 = \frac{1}{6}$$

총 이동 거리 : (대칭성에 의해) $2 \times \left(\dfrac{5}{6}\right) + \dfrac{1}{6} = \dfrac{10}{6} + \dfrac{1}{6} = \dfrac{11}{6}$ (참)

12) 정답 ③

[제작자 : 랑데뷰수학 황보백T]

등비중항의 성질에 의해 $a_1 a_7 = a_4^2$ 이므로

$a_1 a_4 a_7 = 512 \Rightarrow a_1 a_4 a_7 = (a_4)^3 = 512$

$512 = 8^3$ 이므로, $a_4 = 8$ 이다.

등비중항의 성질에 의해 $a_2 a_8 = a_5^2$ 이므로

$a_2 a_5 a_8 = 4096 \Rightarrow a_2 a_5 a_8 = (a_5)^3 = 4096$

$4096 = 16^3$ 이므로, $a_5 = 16$ 이다.

따라서 등비수열 $\{a_n\}$의 공비를 r라 하면

$r = \dfrac{a_5}{a_4} = \dfrac{16}{8} = 2$

$a_4 = a_1 r^3 \Rightarrow 8 = a_1 (2^3) \Rightarrow a_1 = 1$

$a_6 = a_1 r^5 = 1 \times (2^5) = 32$

따라서 $a_1 + a_6 = 1 + 32 = 33$이다.

13) 정답 ③

[제작자 : 랑데뷰수학 황보백T]

$f(x) = x^3 - 2x + 2$

$f'(x) = 3x^2 - 2$

곡선 $y = f(x)$ 위의 점 $(1,1)$에서의 접선 l의 기울기는

$f'(1) = 1$ 이다.

따라서 접선 l의 방정식은 $y = x$ 이다.

함수 $g(x) = \displaystyle\int_1^x (f(t) + t f'(t)) dt$에서

$g'(x) = f(x) + x f'(x)$ 이므로

$g'(1) = f(1) + f'(1) = 2$ 이다.

따라서 접선 m의 방정식은 $y = 2x - 2$이다.

두 직선 l과 m의 교점은 $x = 2x - 2 \Rightarrow x = 2$에서 $(2,2)$이므로

구하는 넓이는 $\dfrac{1}{2} \times 2 \times 2 = 2$ 이다.

14) 정답 ③

[그림 : 최성훈T]

직각삼각형 ABC에서 $\overline{AC} = \sqrt{\overline{AB}^2 + \overline{BC}^2} = 4$이고

$\overline{CP} = \overline{CD} = 1$이다.

따라서 $\overline{AD} = \overline{AC} - \overline{CD} = 3$

세 점 A, D, E를 지나는 원의 중심을 O, 반지름을 R라 하자.

문제의 조건에 의해 중심 O는 선분 AB 위에 있다.

원 O가 두 점 A, D를 지나므로, 중심 O에서 두 점까지의 거리는

반지름 R로 같다.

$\overline{OA} = \overline{OD} = R$

이때 점 O는 선분 AB 위의 점이므로 삼각형 OAD는

$\overline{OA} = \overline{OD}$인 이등변삼각형이다.

삼각형 ABC에서 $\cos A = \dfrac{\overline{AB}}{\overline{AC}} = \dfrac{\sqrt{7}}{4}$

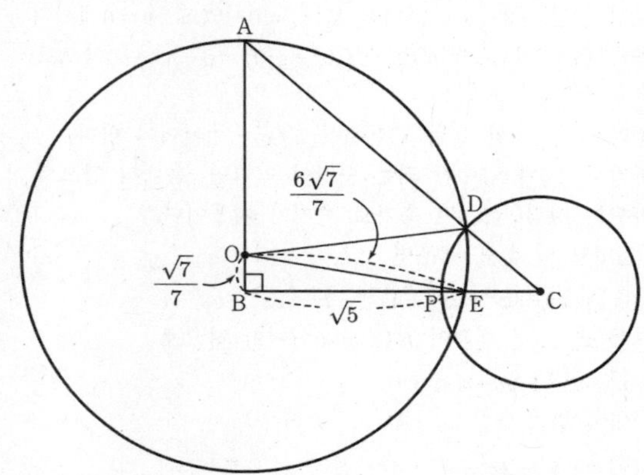

이제 이등변삼각형 OAD에서 코사인 법칙을 적용하면

$\overline{OD}^2 = \overline{OA}^2 + \overline{AD}^2 - 2 \times \overline{OA} \times \overline{AD} \times \cos A$

$R^2 = R^2 + 3^2 - 2 \times R \times 3 \times \dfrac{\sqrt{7}}{4}$

$\therefore R = \dfrac{6}{\sqrt{7}} = \dfrac{6\sqrt{7}}{7}$

$\overline{OA} = \dfrac{6\sqrt{7}}{7}$이므로 $\overline{OB} = \sqrt{7} - \dfrac{6\sqrt{7}}{7} = \dfrac{\sqrt{7}}{7}$

직각삼각형 OBE에서

$\overline{BE} = \sqrt{\dfrac{36}{7} - \dfrac{1}{7}} = \sqrt{5}$

따라서 $\overline{PE} = \overline{BE} - \overline{BP} = \sqrt{5} - 2$이다.

15) 정답 ②

함수 $h(x) = \displaystyle\int_0^x \{f(t) - g(t)\} dt$의 극값을 조사하기 위해 양변을

x에 대하여 미분하면 $h'(x) = f(x) - g(x)$

이다.

극값은 $h'(x) = 0$이 되는 지점 혹은 미분 불가능한 지점을

기준으로, $h'(x)$의 부호가 양에서 음으로, 또는 음에서 양으로

바뀔 때 발생한다.

(i) $x < 0$인 경우

　　주어진 식을 대입하면

　　$h'(x) = (2x^2 + 5x) - (-x) = 2x^2 + 6x = 2x(x + 3)$

　　이다. $x < 0$ 범위에서 $h'(x) = 0$이 되는 x값은 -3이다.

　　부호를 조사하면 다음과 같다.

　　$x < -3$일 때, $h'(x) > 0$

　　$-3 < x < 0$일 때, $h'(x) < 0$

　　$x = -3$에서 $h'(x)$의 부호가 양$(+)$에서 음$(-)$으로 바뀌므로,

　　$h(x)$는 $x = -3$에서 극대이다.

　　즉, $x < 0$ 구간에서 이미 하나의 극값이 존재한다.

(ii) $x \geq 0$인 경우

　　문제의 조건에서 $h(x)$가 오직 하나의 극값을 가져야 한다고

　　했으므로, $x \geq 0$ 구간에서는 $h'(x)$의 부호 변화가 일어나면 안

　　된다.

앞선 구간 $(-3 < x < 0)$에서 $h'(x) < 0$이었고, $x = 0$에서의
우극한을 살펴보면 $h'(0) = f(0) - g(0) = 0 - 4 = -4$이므로
음수이다.

따라서 $x \geq 0$인 모든 구간에서 $h'(x) \leq 0$이어야 한다.

만약 $h'(x)$가 양수가 되는 순간이 있다면, 음에서 양으로
바뀌는 지점(극소)이 추가로 생기기 때문이다.

$x \geq 0$일 때 식을 세우면

$h'(x) = ax - (x^3 + 2x^2 + 4) = -x^3 - 2x^2 + ax - 4$

모든 $x \geq 0$에 대하여 $h'(x) \leq 0$이어야 하므로

$-x^3 - 2x^2 + ax - 4 \leq 0$

이어야 한다.

$p(x) = -x^3 - 2x^2 + ax - 4$라 하자.

$x \geq 0$에서 $p(x)$의 최댓값이 0보다 작거나 같으면 된다.

$p'(x) = -3x^2 - 4x + a$

(i) $a \leq 0$일 때

$x \geq 0$이면 $-3x^2 \leq 0$, $-4x \leq 0$이므로 $p'(x) \leq a \leq 0$이다.

즉, $p(x)$는 계속 감소하는 함수이다.

$p(0) = -4$이므로, $x \geq 0$에서 $p(x) \leq -4 < 0$이다.

이 경우 조건이 항상 성립한다.

(ii) $a > 0$일 때

$p'(0) = a > 0$이다.

$p'(x)$는 위로 볼록한 이차함수이므로 $y = p'(x)$의 그래프는
양의 실근 하나와 음의 실근 하나를 갖는다.

이 중 양의 실근을 α라고 하자

$0 \leq x < \alpha$에서 $p'(x) > 0$이므로 $p(x)$는 증가한다.

$x > \alpha$에서 $p'(x) < 0$이므로 $p(x)$는 감소한다.

따라서 $p(x)$는 $x = \alpha$에서 극대이자 최대이다.

조건을 만족하려면 최댓값인 $p(\alpha)$가 0보다 작거나 같아야
한다. $\rightarrow p(\alpha) \leq 0$

여기서 α는 $p'(x) = 0$의 근이므로 다음 등식이 성립한다.

$-3\alpha^2 - 4\alpha + a = 0$

$a = 3\alpha^2 + 4\alpha \cdots\cdots$ ㉠

이 관계식을 $p(\alpha)$ 식에 대입하면

$p(\alpha) = -\alpha^3 - 2\alpha^2 + (3\alpha^2 + 4\alpha)\alpha - 4$

$\qquad = -\alpha^3 - 2\alpha^2 + 3\alpha^3 + 4\alpha^2 - 4$

$\qquad = 2\alpha^3 + 2\alpha^2 - 4 \leq 0$

$\alpha^3 + \alpha^2 - 2 \leq 0$

$(\alpha - 1)(\alpha^2 + 2\alpha + 2) \leq 0$

여기서 $\alpha > 0$이므로 $\alpha^2 + 2\alpha + 2 = (\alpha + 1)^2 + 1 > 0$이다.

따라서 부등식이 성립하려면

$\alpha - 1 \leq 0$

$\therefore 0 < \alpha \leq 1$

이어야 한다.

㉠에서 $a = 3\alpha^2 + 4\alpha$에서 a는 양수 α에 대해 증가하는 함수이다.

따라서 α가 최대일 때 a도 최대가 된다.

α의 최댓값은 1이므로 $a \leq 3(1)^2 + 4(1) = 7$

따라서 a의 최댓값은 7이다.

16) 정답 4

$f(2) - f(1) = \int_1^2 f'(x)dx$

$\rightarrow f(2) = \int_1^2 (3x^2 - 4x)dx + 3 \ (\because f(1) = 3)$

$\qquad = \left[x^3 - 2x^2\right]_1^2 + 3$

$\qquad = 4$

17) 정답 200

$\displaystyle\sum_{k=1}^{n} \frac{a_k}{k+1} = n^2 + 3n$에서 $\dfrac{a_k}{k+1} = b_k$라 하자.

수열 $\{b_n\}$의 첫째항부터 제 n항까지의 합이

$n^2 + 3n$이므로

수열 $\{b_n\}$은 등차수열임을 알 수 있다.

$b_1 = 1 + 3 = 4$이고, 공차는 $\dfrac{d}{2} = 1$에서 $d = 2$이므로

$b_n = 2n + 2$이다. 즉, $\dfrac{a_n}{n+1} = b_n$에서

$a_n = b_n(n+1) = 2(n+1)^2$이므로

구하고자 하는 값은 $a_9 = 200$이다.

18) 정답 144

함수 $f(x) = \begin{cases} x - 2 & (x \leq 2) \\ ax^2 + b & (x > 2) \end{cases}$가 실수 전체의 집합에서 연속이므로

$x = 2$에서 연속이어야 한다.

$\displaystyle\lim_{x \to 2-} f(x) = \lim_{x \to 2-}(x - 2) = 0$

$\displaystyle\lim_{x \to 2+} f(x) = \lim_{x \to 2+}(ax^2 + b) = 4a + b$

$f(2) = 0$

이므로 $4a + b = 0$, $b = -4a$

$f(x) = \begin{cases} x - 2 & (x \leq 2) \\ ax^2 - 4a & (x > 2) \end{cases}$에서

$\displaystyle\int_0^3 f(x)dx = \int_0^2 (x - 2)dx + \int_2^3 (ax^2 - 4a)dx$

$\qquad = \left[\frac{1}{2}x^2 - 2x\right]_0^2 + \left[\frac{1}{3}ax^3 - 4ax\right]_2^3$

$\qquad = -2 + (9a - 12a) - \left(\frac{8}{3}a - 8a\right)$

$\qquad = \frac{7}{3}a - 2$

$\displaystyle\int_0^3 f(x)dx > 10$에서 $\dfrac{7}{3}a - 2 > 10$, $a > \dfrac{36}{7}$

a는 정수이므로 $a \geq 6$

$|ab| = |a \times (-4a)| = 4a^2$이므로

$|ab|$는 $a = 6$일 때 최솟값 $4 \times 36 = 144$을 갖는다.

19) 정답 20

[제작자 : 랑데뷰수학 황보백T]

$f(x)=\displaystyle\int_0^x 6(t+1)(t-2)dt$라 하자.

$f(0)=0$, $f'(x)=6(x+1)(x-2)$이므로

함수 $f(x)$는 $x=-1$에서 극댓값을 갖고 $x=2$에서 극솟값을 갖는다.

$$f(x)=\int_0^x 6(t+1)(t-2)dt$$
$$=\int_0^x (6t^2-6t-12)dt$$
$$=\Big[2t^3-3t^2-12t\Big]_0^x$$
$$=2x^3-3x^2-12x$$

$f(-1)=-2-3+12=7$

$f(2)=16-12-24=-20$

$f(3)=54-81+36=9$

따라서 $-1\le x\le 3$에서 함수 $f(x)$의 최댓값은 9이고 최솟값은 -20이다.

그러므로 $k=20$이다.

20) 정답 674

[제작자 : 랑데뷰수학 황보백T]

주어진 식 $3\displaystyle\sum_{k=1}^{n}a_k=4a_n-12n+k\ (n\ge 2)$의 양변의 n에

$n-1$을 대입하면

$3\displaystyle\sum_{k=1}^{n-1}a_k=4a_{n-1}-12(n-1)+k\ (n\ge 3)$

$n\ge 3$일 때, n번째 식에서 $n-1$번째 식을 빼면

$$\begin{array}{r}3S_n=4a_n-12n+k\\ -)\ 3S_{n-1}=4a_{n-1}-12(n-1)+k\\ \hline 3a_n=4a_n-4a_{n-1}-12\end{array}$$

$a_n=4a_{n-1}+12\ (n\ge 3)\ \Rightarrow\ p=12$

이다.

$n=3$을 대입하면

$60=4a_2+12\Rightarrow 4a_2=48\Rightarrow a_2=12$

$3\displaystyle\sum_{k=1}^{n}a_k=4a_n-12n+k$의 양변에 $n=2$을 대입하면

$3(a_1+a_2)=4a_2-24+k$

여기서 $a_1+a_2=4+12=16$이므로 $k=24$이다. $\Rightarrow q=24$

$a_n=4a_{n-1}+12\ (n\ge 3)$

에서

$a_4=4a_3+12=4(60)+12=252$

$a_5=4a_4+12=4(252)+12=1008+12=1020$

마지막으로 $n=5$일 때의 관계식을 사용하여 $\displaystyle\sum_{n=1}^{5}a_n$를 계산한다.

$3\displaystyle\sum_{k=1}^{5}a_k=4a_5-12\times 5+24=4044$

$\therefore\ \displaystyle\sum_{n=1}^{5}a_n=1348\ \Rightarrow\ r=1348$

$p=12,\ q=24,\ r=1348$

따라서 $\dfrac{p\times r}{q}=\dfrac{12\times 1348}{24}=674$이다.

21) 정답 10

[제작자 : 랑데뷰수학 황보백T]

[그림 : 최성훈T]

조건 (가)에서 $x\to 1-$, $x\to 3-$일 때 분모가 0이 되므로 분자 $g(x)$도 0이어야 극한값이 존재한다.

$|g(x)|=|f(x)|$이므로 $f(1)=0$, $f(3)=0$이다.

$f(x)$는 최고차항의 계수가 양수인 삼차함수이므로 나머지 한 근을 k라 하면 $f(x)=a(x-1)(x-3)(x-k)\ (a>0)$라 할 수 있다.

$$g(x)=\begin{cases}a(x-1)(x-3)(x-k)&(x<t)\\ -a(x-1)(x-3)(x-k)&(x\ge t)\end{cases}$$

또한 $g(x)$가 실수 전체의 집합에서 연속이려면 $x=t$에서 불연속점인 $f(t)$와 $-f(t)$가 만나야 하므로 $f(t)=0$이어야 한다.

$\therefore\ t\in\{1,3,k\}$

(나)에서 $h(x)=\dfrac{g(x)}{(x-1)(x-3)}=\begin{cases}a(x-k)&(x<t)\\ a(k-x)&(x\ge t)\end{cases}$ 라 하자.

(i) $t=1$일 때,

$h(x)=\begin{cases}a(x-k)&(x<1)\\ a(k-x)&(x\ge 1)\end{cases}>0$

$m\ge 1$일 때, $a(k-m)>0$을 만족시키는 $m=2,\ m=3$뿐이어야 한다.

따라서 $3<k\le 4$이어야 한다.

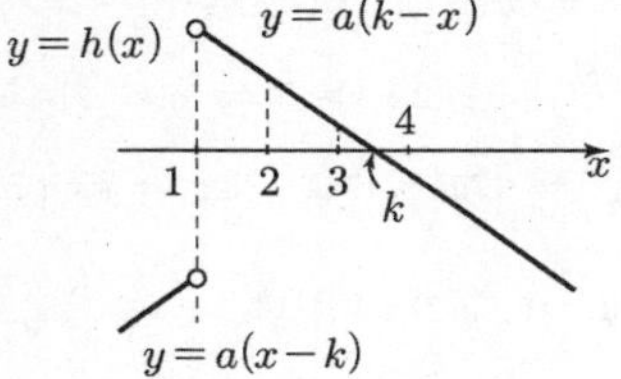

$f(x)=a(x-1)(x-3)(x-k)\ (3<k\le 4)$

$g(x)=\begin{cases}a(x-1)(x-3)(x-k)&(x<1)\\ -a(x-1)(x-3)(x-k)&(x\ge 1)\end{cases}$

$\left\{-\dfrac{35}{132}g(0),\ g(2)\right\}=\{2,\ 3\}$

① $-\dfrac{35}{132}g(0)=2,\ g(2)=3$일 때,

$g(0)=-\dfrac{264}{35}\ \Rightarrow\ a(-1)(-3)(-k)=-\dfrac{264}{35}\ \Rightarrow\ ak=\dfrac{264}{35}$

$g(2)=3\ \Rightarrow\ -a(1)(-1)(2-k)=3\ \Rightarrow\ a(2-k)=3$

$\dfrac{k}{2-k}=\dfrac{89}{35}\ \Rightarrow\ 35k=178-89k\ \Rightarrow\ k=\dfrac{178}{124}<2\,(모순)$

② $-\dfrac{35}{132}g(0)=3$, $g(2)=2$일 때,

$g(0)=-\dfrac{396}{35} \Rightarrow a(-1)(-3)(-k)=-\dfrac{396}{35} \Rightarrow ak=\dfrac{264}{35}$

$g(2)=2 \Rightarrow -a(1)(-1)(2-k)=2 \Rightarrow a(2-k)=2$

$\dfrac{k}{2-k}=\dfrac{132}{35} \Rightarrow 35k=264-132k \Rightarrow k=\dfrac{264}{167}<2$ (모순)

(ii) $t=3$ 인 경우

$h(x)=\begin{cases} a(x-k)\,(x<3) \\ a(k-x)\,(x\geq 3) \end{cases} >0$

$m\geq 3$일 때, $a(k-m)>0$을 만족시키는 $m=4$, $m=5$뿐이어야
한다.

따라서 $5<k\leq 6$이어야 한다.

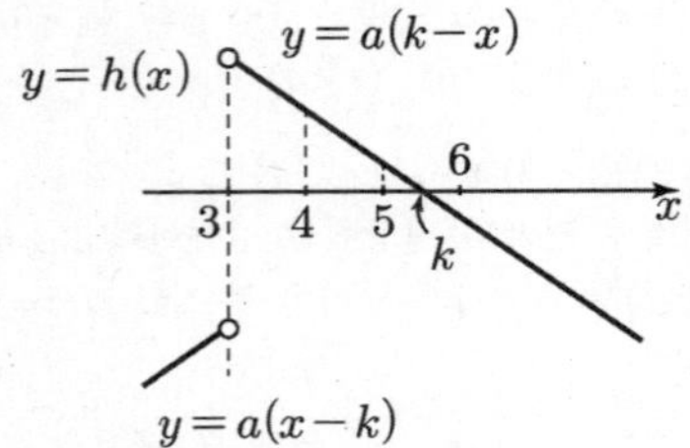

$f(x)=a(x-1)(x-3)(x-k)\ (5<k\leq 6)$
이어야 한다.

$g(x)=\begin{cases} a(x-1)(x-3)(x-k)\quad (x<3) \\ -a(x-1)(x-3)(x-k)\,(x\geq 3) \end{cases}$

$\left\{-\dfrac{35}{132}g(0),\ g(2)\right\}=\{4,\ 5\}$

① $-\dfrac{35}{132}g(0)=4$, $g(2)=5$일 때,

$g(0)=-\dfrac{528}{35} \Rightarrow a(-1)(-3)(-k)=-\dfrac{528}{35} \Rightarrow ak=\dfrac{176}{35}$

$g(2)=5 \Rightarrow a(1)(-1)(2-k)=5 \Rightarrow a(k-2)=5$

$\dfrac{k}{k-2}=\dfrac{176}{175} \Rightarrow 175k=176k-352 \Rightarrow k=352$ (모순)

② $-\dfrac{35}{132}g(0)=5$, $g(2)=4$일 때,

$g(0)=-\dfrac{132}{7} \Rightarrow a(-1)(-3)(-k)=-\dfrac{132}{7} \Rightarrow ak=\dfrac{44}{7}$

$g(2)=4 \Rightarrow a(1)(-1)(2-k)=4 \Rightarrow a(k-2)=4$

$\dfrac{k}{k-2}=\dfrac{11}{7} \Rightarrow 7k=11k-22 \Rightarrow -4k=-22 \Rightarrow k=\dfrac{11}{2}$

$a\times\dfrac{11}{2}=\dfrac{44}{7}$에서 $a=\dfrac{8}{7}$

$f(x)=\dfrac{8}{7}(x-1)(x-3)\left(x-\dfrac{11}{2}\right)$

$g(8)=-f(8)=-\dfrac{8}{7}\times 7\times 5\times\dfrac{5}{2}=-200$이므로 $-\dfrac{g(8)}{20}=10$이다.

---

22) 정답 320

[그림 : 강민구T]

두 양수 a, b에 대하여 점 A의 좌표를 (a, b)라 하면 점 A를
직선 $y=x$에 대하여 대칭이동한 점 A′의 좌표는 A′(b, a)이다.
(나)에서 점 A′(b, a)가 직선 OB위의 점이므로 상수 k에 대하여
점 B의 좌표를 B(kb, ka)라 할 수 있다.
점 A(a, b)가 곡선 $y=\log_9(27x+3)$위의 점이므로

$b=\log_9(27a+3) \Rightarrow 9^b=27a+3$ ┈┈┈ ㉠

점 B(kb, ka)가 곡선 $y=3^{6x-4}-\dfrac{1}{27}$위의 점이므로

$ka=3^{6kb-4}-\dfrac{1}{27} \Rightarrow 3^{6kb-4}=ka+\dfrac{1}{27} \Rightarrow 3^{6kb}=81ka+3$ ┈┈┈ ㉡

㉠, ㉡에서 $k=\dfrac{1}{3}$이다.

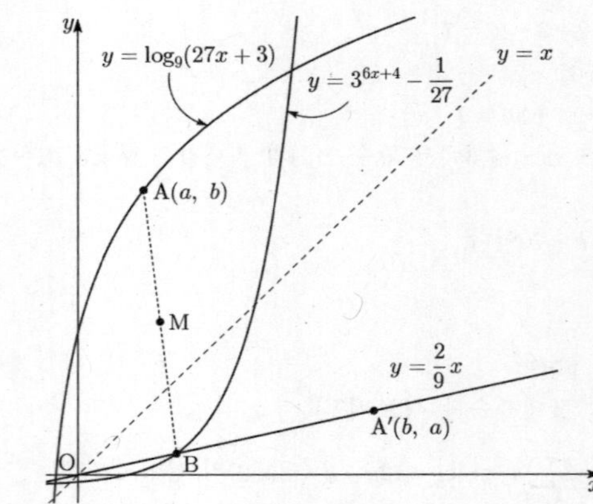

한편, 선분 AB의 중점의 좌표는

$\dfrac{a+\dfrac{1}{3}b}{2}=\dfrac{5}{18}$, $\dfrac{\dfrac{1}{3}a+b}{2}=\dfrac{29}{54}$

$\dfrac{2}{3}(a+b)=\dfrac{5}{18}+\dfrac{29}{54}=\dfrac{15+29}{54}=\dfrac{22}{27}$

$a+b=\dfrac{11}{9}$

$a+\dfrac{b}{3}=\dfrac{5}{9}$

$\dfrac{2b}{3}=\dfrac{2}{3}$

$\therefore\ b=1$

따라서 $a=\dfrac{2}{9}$이다.

세 점 A, A′, B의 좌표는 다음과 같다.

A$\left(\dfrac{2}{9},\ 1\right)$, A′$\left(1,\ \dfrac{2}{9}\right)$, B$\left(\dfrac{1}{3},\ \dfrac{2}{27}\right)$

$\overline{AA'}=\sqrt{\left(-\dfrac{7}{9}\right)^2+\left(\dfrac{7}{9}\right)^2}=\dfrac{7\sqrt{2}}{9}$

직선 AA′의 방정식은 $x+y-\dfrac{11}{9}=0$이므로 점 B에서 직선
AA′까지의 거리는

$\dfrac{\left|\dfrac{1}{3}+\dfrac{2}{27}-\dfrac{11}{9}\right|}{\sqrt{2}}=\dfrac{22}{27\sqrt{2}}=\dfrac{11\sqrt{2}}{27}$

이므로 삼각형 AA′B의 넓이는

$$\frac{1}{2}\times\frac{7\sqrt{2}}{9}\times\frac{11\sqrt{2}}{27}=\frac{77}{243}$$

이다.

$p=243$, $q=77$이므로 $p+q=320$이다.

확률과통계

[출제자 : 황보백T]

23) 정답 ①

$(x^3+2)^5$의 전개식의 일반항은

$_5C_r 2^r x^{15-3r}$ $(r=0,\ 1,\ 2,\ \cdots,\ 5)$이므로

x^6의 계수는 $15-3r=6$, 곧 $r=3$일 때

$_5C_3\times 2^3=80$

24) 정답 ④

동전 3개를 동시에 던질 때,

앞면이 나오는 동전의 개수가 0일 확률은

$_3C_0\times\left(\frac{1}{2}\right)^0\times\left(\frac{1}{2}\right)^3=\frac{1}{8}$이고,

앞면이 나오는 동전의 개수가 1일 확률은

$_3C_1\times\left(\frac{1}{2}\right)^1\times\left(\frac{1}{2}\right)^2=\frac{3}{8}$이므로

구하는 확률은 $\frac{1}{8}+\frac{3}{8}=\frac{1}{2}$

25) 정답 ④

확률의 총합은 1이므로 $\frac{1}{3}+a+b+\frac{1}{6}=1$에서

$a+b=\frac{1}{2}$

$E(X)=(-1)\times\frac{1}{3}+0\times a+1\times b+2\times\frac{1}{6}=b$이고

$E\left(\frac{1}{a}X\right)=\frac{1}{a}\times E(X)$이므로

$E\left(\frac{1}{a}X\right)=\frac{b}{a}=3$, 곧 $b=3a$

$a+b=4a=\frac{1}{2}$이므로 $a=\frac{1}{8}$, $b=\frac{3}{8}$

따라서 $3a+b=\frac{3}{8}+\frac{3}{8}=\frac{3}{4}$

26) 정답 ②

숫자 0, 0, 0, 0, 1, 1, 2, 2가 하나씩 적혀 있는 8장의 카드를 모두 한 번씩 사용하여 일렬로 나열하는 경우의 수는

$$\frac{8!}{4!2!2!}=420$$

구하는 경우의 여사건은 이웃한 두 카드에 적힌 수의 곱이 자연수인 경우가 없는 사건이므로 이웃한 두 카드에 적힌 수의 곱이 항상 0인 사건이다.

곧, 숫자 0이 적힌 4장의 카드를 먼저 일렬로 나열하고 나열된 숫자 0이 적힌 4장의 카드 사이사이, 맨 앞, 맨 뒤의 5곳 중 4곳에 숫자 1, 1, 2, 2가 적힌 카드를 한 장씩 나열해야 하므로

이 경우의 수는 $_5C_4\times\frac{4!}{2!2!}=30$

따라서 구하는 경우의 수는 $420-30=390$

27) 정답 ④

이산확률변수 X가 가지는 값은 0, 1, 2, 3, 4이고 확률의 총합은 1이므로

$P(X=0)+P(X=1)+P(X=2)+P(X=3)+P(X=4)=1$

에서

$a+\frac{1}{16}+\frac{4}{16}+\frac{7}{16}+b=1$, $a+b=\frac{1}{4}$ ······ ㉠

이때

$E(X)=0\times a+1\times\frac{1}{16}+2\times\frac{4}{16}+3\times\frac{7}{16}+4\times b$

$\qquad=\frac{1+8+21}{16}+4b=\frac{15}{8}+4b$

$E(X)=\frac{21}{8}$이므로

$\frac{15}{8}+4b=\frac{21}{8}$, $4b=\frac{3}{4}$ $\therefore$ $b=\frac{3}{16}$

㉠에서 $a=\frac{1}{16}$

$E(X^2)=0^2\times a+1^2\times\frac{1}{16}+2^2\times\frac{4}{16}+3^2\times\frac{7}{16}+4^2\times\frac{3}{16}$

$\qquad=\frac{1+16+63+48}{16}=8$

에서

$V(X)=E(X^2)-\{E(X)\}^2$

$\qquad=8-\left(\frac{21}{8}\right)^2=\frac{512-441}{64}=\frac{71}{64}$

이므로

$V\left(\frac{1}{a}X+\frac{1}{b}\right)=256\,V(X)=256\times\frac{71}{64}=284$

28) 정답 ①

[제작자 : 랑데뷰수학 황보백T]

(i) 조건부 확률의 분모 결정

  공이

    홀수개 추가 되는 사건 A

    짝수개 추가 되는 사건 B

  라 하면

$A \to 1,\ 3,\ 4,\ 5 :$ 확률 $\frac{2}{3}$

$B \to 2,\ 6 :$ 확률 $\frac{1}{3}$

합이 짝수가 되는 경우는

① 모두 짝수 : $\left(\dfrac{1}{3}\right)^3=\dfrac{1}{27}$

② 짝수 1번, 홀수 2번 : $\dfrac{3!}{2!}\times\left(\dfrac{2}{3}\right)^2\left(\dfrac{1}{3}\right)=\dfrac{12}{27}$

①, ②에서 $\dfrac{1}{27}+\dfrac{12}{27}=\dfrac{13}{27}$ 이다.

(ii) 분자 결정 : 합이 짝수이면서, $k=6$이 단 한 번인 경우
(i)의 ①에서 $\{6,2,2\}$의 순열이므로

$\dfrac{3!}{2!}\times\dfrac{1}{6}\times\dfrac{1}{6}\times\dfrac{1}{6}=\dfrac{3}{216}$

(i)의 ②에서 $\{6,홀,홀\}$

$\dfrac{3!}{2!}\times\dfrac{1}{6}\times\dfrac{4}{6}\times\dfrac{4}{6}=3\times\dfrac{16}{216}=\dfrac{48}{216}$

따라서 $\dfrac{3}{216}+\dfrac{48}{216}=\dfrac{51}{216}$

(i), (ii)에서

$\dfrac{\dfrac{51}{216}}{\dfrac{13}{27}}=\dfrac{\dfrac{51}{216}}{\dfrac{104}{216}}=\dfrac{51}{104}$ 이다.

29) 정답 3
[제작자 : 랑데뷰수학 황보백T]

주사위 눈의 수가 a보다 작거나 같을 확률은 $\dfrac{a}{6}$이고 동전을 2번 던져서 앞면이 1회 이므로 확률은 $\dfrac{2}{4}=\dfrac{1}{2}$이다.

주사위 눈의 수가 a보다 클 확률은 $\dfrac{6-a}{6}$이고 동전을 2번 던져서 앞면이 2회 이므로 확률은 $\dfrac{1}{4}$이다.

따라서 1회 시행에서 기록한 수가 1일 확률 p는 다음과 같다.

$p=\dfrac{a}{6}\times\dfrac{1}{2}+\dfrac{6-a}{6}\times\dfrac{1}{4}=\dfrac{2a+(6-a)}{24}=\dfrac{a+6}{24}$

그러므로

$E(X)=3840\times\dfrac{a+6}{24}=160(a+6)$

$V(X)=160(a+6)\dfrac{18-a}{24}=\dfrac{20(a+6)(18-a)}{3}$

$P(X\geq1470)=0.1587$에서 표준정규분포표에서
$P(0\leq Z\leq1.0)=0.3413$이므로, $0.5-0.3413=0.1587$이다.
즉, $X=1470$은 표준화 변수 $Z=1.0$이다.
따라서

$\dfrac{1470-E(X)}{\sqrt{V(X)}}=1$

$1470-160(a+6)=\sqrt{\dfrac{20(a+6)(18-a)}{3}}$

a가 6보다 작은 자연수이므로 차례대로 대입하면
$a=3$일 때,

$30=\sqrt{900}$으로 성립한다.
따라서 $a=3$

30) 정답 133
[제작자 : 랑데뷰수학 황보백T]

$a_n=k$인 항의 개수를 N_k라 하자.
(가)에서 $N_0+N_1+N_2=12$이고 $2N_2+1N_1+0N_0=9$이다. …… ㉠
(나)에 의해 N_1은 5 또는 6이다.
만약 $N_1=6$이면, $2N_2+6=9\Rightarrow2N_2=3$이 되어 정수해가 없다.
(모순)
따라서 $N_1=5$이고 ㉠에서 $N_2=2$, $N_0=5$이다.
즉, 0이 5개, 1이 5개, 2가 2개인 수열을 나열해야 한다.
조건 (다) $a_p\times a_{p+1}\neq2$는 서로 인접한 두 항이 $(1,2)$ 또는
$(2,1)$일 수 없음을 의미한다.
이는 1과 2가 직접 맞닿을 수 없으며, 그 사이에는 반드시 0이
존재해야 함을 나타낸다.
따라서 그림과 같이 5개의 0을 먼저 나열하여 칸막이로 세우고,
그 사이의 공간에 1과 2를 배치하는 방법으로 구하자.

_0_0_0_0_0_

5개의 0은 총 6개의 공간을 만들어낸다.
한 공간 안에 1과 2가 동시에 들어간다면, 그 공간 내에서는 0이
없으므로 1과 2가 인접하게 된다.
따라서 각 공간에는 1만 들어가거나, 2만 들어가야 한다.
2가 들어갈 공간을 먼저 선택하고, 남은 공간에 1을
중복조합으로 분배하자.

(i) 두 개의 2가 같은 공간에 들어가는 경우 (블록 22)
2가 들어갈 공간 1곳을 선택 : $_6C_1=6$
남은 5개의 공간에 5개의 1을 자유롭게 배치 (중복조합):
$_5H_5=_9C_5=126$
그러므로 $6\times126=756$

(ii) 두 개의 2가 서로 다른 공간에 들어가는 경우 (블록 2,2)
2가 들어갈 공간 2곳을 선택 : $_6C_2=15$가지.
선택되지 않은 나머지 4개의 공간에 5개의 1을 배치
(중복조합): $_4H_5=_8C_3=56$
그러므로 $15\times56=840$

(i), (ii)에서 $S=756+840=1596$

따라서 $\dfrac{S}{12}=133$

미적분

[출제자: 황보백T]

23) 정답 ③

$$\lim_{x \to \infty}\left(\frac{x+3}{x}\right)^{3x} = \lim_{x \to \infty}\left(1+\frac{3}{x}\right)^{\frac{x}{3}\times 9} = e^9$$

24) 정답 ②

$$\begin{aligned}
\int_0^{\alpha}\frac{1-\sin x}{\cos x}\,dx &= \int_0^{\alpha}\frac{1-\sin^2 x}{\cos x(1+\sin x)}\,dx \\
&= \int_0^{\alpha}\frac{\cos x}{1+\sin x}\,dx \\
&= \int_0^{\alpha}\frac{(1+\sin x)'}{1+\sin x}\,dx \\
&= \Big[\ln|1+\sin x|\Big]_0^{\alpha} \\
&= \ln\frac{4}{3} \quad \left(\because \sin\alpha=\frac{1}{3}\right)
\end{aligned}$$

25) 정답 ①

등비수열 $\{a_n\}$의 공비를 실수 r이라 하면

$a_n = a_1 \times r^{n-1}$이므로

$$\lim_{n \to \infty}\frac{3^n + a_1 \times r^{2n-2}}{3^n + a_1 \times r^{4n-2}} = 9 \qquad \cdots\cdots \text{㉠}$$

$r=0$인 경우 $\displaystyle\lim_{n \to \infty}\frac{3^n}{3^n}=1$이 되어 문제의 조건을 만족시키지 않는다.

따라서 $r \neq 0$이므로 ㉠의 분자, 분모를 3^n으로 나누어 정리하면

$$\lim_{n \to \infty}\frac{1+\frac{a_1}{r^2}\times\left(\frac{r^2}{3}\right)^n}{1+\frac{a_1}{r^2}\times\left(\frac{r^4}{3}\right)^n} = 9$$

(i) $0 < \dfrac{r^4}{3} < 1$인 경우

$0 < r^2 < \sqrt{3}$이므로 $0 < \dfrac{r^2}{3} < \dfrac{\sqrt{3}}{3} < 1$

$$\lim_{n \to \infty}\frac{1+\frac{a_1}{r^2}\times\left(\frac{r^2}{3}\right)^n}{1+\frac{a_1}{r^2}\times\left(\frac{r^4}{3}\right)^n} = \frac{1+0}{1+0} = 1$$이 되어

문제의 조건을 만족시키지 않는다.

(ii) $\dfrac{r^4}{3} = 1$인 경우

$r^2 = \sqrt{3}$이므로 $0 < \dfrac{r^2}{3} = \dfrac{\sqrt{3}}{3} < 1$

$$\lim_{n \to \infty}\frac{1+\frac{a_1}{r^2}\times\left(\frac{r^2}{3}\right)^n}{1+\frac{a_1}{r^2}\times\left(\frac{r^4}{3}\right)^n} = \frac{1}{1+\frac{a_1}{\sqrt{3}}} = 9$$이므로

$1+\dfrac{a_1}{\sqrt{3}} = \dfrac{1}{9}$, 곧 $a_1 = -\dfrac{8\sqrt{3}}{9}$

(iii) $\dfrac{r^4}{3} > 1$인 경우

$r^2 = \sqrt{3} > 1$이므로 $\dfrac{r^4}{3} = r^2 \times \dfrac{r^2}{3} > \dfrac{r^2}{3}$

$$\lim_{n \to \infty}\frac{1+\frac{a_1}{r^2}\times\left(\frac{r^2}{3}\right)^n}{1+\frac{a_1}{r^2}\times\left(\frac{r^4}{3}\right)^n} = 0$$이 되어

문제의 조건을 만족시키지 않는다.

(i), (ii), (iii)에 의하여 $a_1 = -\dfrac{8\sqrt{3}}{9}$

26) 정답 ④

$1 < t < e$인 t에 대하여 $x=t$와 $y=\ln x$, $y=1$가 만나는 점의 y좌표가 각각 $y=\ln t$, $y=1$이므로 정삼각형의 한 변의 길이는 $1-\ln t$이다.

따라서 정삼각형의 넓이는 $\dfrac{\sqrt{3}}{4}(1-\ln t)^2$이다.

그러므로 구하려는 부피는

$$\begin{aligned}
&\int_1^e \frac{\sqrt{3}}{4}(1-\ln t)^2\,dt \\
&= \frac{\sqrt{3}}{4}\left\{\int_1^e dt - 2\int_1^e \ln t\,dt + \int_1^e (\ln t)^2\,dt\right\} \\
&= \frac{\sqrt{3}}{4}\left\{[t]_1^e - 2[t\ln t - t]_1^e + \int_1^e (\ln t)^2\,dt\right\} \\
&= \frac{\sqrt{3}}{4}(e-1-2) + \frac{\sqrt{3}}{4}\left\{[t(\ln t)^2]_1^e - 2\int_1^e \ln t\,dt\right\} \\
&= \frac{\sqrt{3}}{4}(e-3) + \frac{\sqrt{3}}{4}(e-2) \\
&= \frac{\sqrt{3}}{4}(2e-5)
\end{aligned}$$

27) 정답 ①

먼저 시각 $t=0$에서 점 P의 좌표를 구하면

$x(0) = e^0(\cos 0 - 2\sin 0) = 1$, $y(0) = e^0(2\cos 0 + \sin 0) = 2$이므로 점 P는 $(1, 2)$이다. 원점 $O(0, 0)$과 점 $P(1, 2)$를 잇는 직선 OP의 기울기를 m_1이라 하면 $m_1 = \dfrac{2-0}{1-0} = 2$이다.

다음으로 시각 t에서의 접선의 기울기를 구하기 위해 x, y를 각각 t에 대해 미분한다.

$$\frac{dx}{dt} = ke^{kt}(\cos\pi t - 2\sin\pi t) + e^{kt}(-\pi\sin\pi t - 2\pi\cos\pi t)$$
$$= e^{kt}\{(k-2\pi)\cos\pi t - (2k+\pi)\sin\pi t\}$$
$$\frac{dy}{dt} = ke^{kt}(2\cos\pi t + \sin\pi t) + e^{kt}(-2\pi\sin\pi t + \pi\cos\pi t)$$
$$= e^{kt}\{(2k+\pi)\cos\pi t + (k-2\pi)\sin\pi t\}$$

시각 $t=0$에서 접선의 기울기를 m_2라 하면

$$m_2 = \frac{\left.\dfrac{dy}{dt}\right|_{t=0}}{\left.\dfrac{dx}{dt}\right|_{t=0}} = \frac{1\times\{(2k+\pi)\times 1 + 0\}}{1\times\{(k-2\pi)\times 1 - 0\}} = \frac{2k+\pi}{k-2\pi}$$

이다. 두 직선이 이루는 예각의 크기가 $\dfrac{\pi}{4}$이므로 탄젠트의

덧셈정리에 의하여

$$\tan\frac{\pi}{4} = \left|\frac{m_2 - m_1}{1 + m_1 m_2}\right| = 1$$

이 성립한다. 식을 대입하여 정리하면

$$\left|\frac{\dfrac{2k+\pi}{k-2\pi} - 2}{1 + 2\left(\dfrac{2k+\pi}{k-2\pi}\right)}\right| = \left|\frac{(2k+\pi) - 2(k-2\pi)}{(k-2\pi) + 2(2k+\pi)}\right| = \left|\frac{5\pi}{5k}\right| = \left|\frac{\pi}{k}\right| = 1$$

이때 양수 k에 대하여 $k=\pi$임을 알 수 있다.

이제 $k=\pi$를 대입하여 $t=\dfrac{1}{2}$에서의 접선의 기울기를 구한다.

$t=\dfrac{1}{2}$일 때 $\cos\dfrac{\pi}{2}=0$, $\sin\dfrac{\pi}{2}=1$이므로

$$\left.\frac{dx}{dt}\right|_{t=\frac{1}{2}} = e^{\frac{\pi}{2}}\{(k-2\pi)\times 0 - (2k+\pi)\times 1\} = -e^{\frac{\pi}{2}}(2\pi+\pi) = -3\pi e^{\frac{\pi}{2}}$$

$$\left.\frac{dy}{dt}\right|_{t=\frac{1}{2}} = e^{\frac{\pi}{2}}\{(2k+\pi)\times 0 + (k-2\pi)\times 1\} = e^{\frac{\pi}{2}}(\pi-2\pi) = -\pi e^{\frac{\pi}{2}}$$

따라서 $t=\dfrac{1}{2}$에서의 접선의 기울기는

$$\frac{\left.\dfrac{dy}{dt}\right|_{t=\frac{1}{2}}}{\left.\dfrac{dx}{dt}\right|_{t=\frac{1}{2}}} = \frac{-\pi e^{\frac{\pi}{2}}}{-3\pi e^{\frac{\pi}{2}}} = \frac{1}{3}$$

28) 정답 ⑤

[제작자 : 랑데뷰수학 황보백T]

곡선 $y=f(x)$위의 점 $(s, f(s))$에서의 접선의 방정식은
$y=f'(s)(x-s)+f(s)$이므로 점 $A(0, -sf'(s)+f(s))$이다.
점 $H(0, f(s))$이므로 $\overline{AH} = |sf'(s)|$이다.

$$f'(x) = 2 + \frac{1}{(x+1)^2} > 2$$이므로

$$\overline{AH} = sf'(s) = 2s + \frac{s}{(s+1)^2}$$

따라서 $\overline{AH} = t \Rightarrow 2s + \dfrac{s}{(s+1)^2} = t$이고 문제에서 $g(t)=s$라

정의하였으므로 t와 s는 서로 역함수 관계에 있다.

구하고자 하는 적분식은 $\displaystyle\int_{\frac{9}{4}}^{\frac{38}{9}} g(t)dt = \int_{t=\frac{9}{4}}^{t=\frac{38}{9}} s\,dt$이다.

적분 변수를 t에서 s로 치환하기 위해 적분 구간을 s에 대해 구한다.

(i) $t=\dfrac{9}{4}$일 때:

$$2s + \frac{s}{(s+1)^2} = \frac{9}{4} \Rightarrow s=1$$

(ii) $t=\dfrac{38}{9}$일 때:

$$2s + \frac{s}{(s+1)^2} = \frac{38}{9} \Rightarrow s=2$$

t를 s의 함수로 보았을 때, $\displaystyle\int s\,dt = st - \int t\,ds$ 관계가

성립하므로

$$\int_{\frac{9}{4}}^{\frac{38}{9}} s\,dt = \Big[st\Big]_{t=\frac{9}{4},s=1}^{t=\frac{38}{9},s=2} - \int_1^2 t\,ds$$

적분 구간의 경계값 계산:

$$[st] = \left(2\times\frac{38}{9}\right) - \left(1\times\frac{9}{4}\right) = \frac{76}{9} - \frac{9}{4} = \frac{304-81}{36} = \frac{223}{36}$$

$$\int_1^2 t\,ds = \int_1^2\left(2s + \frac{s}{(s+1)^2}\right)ds = \int_1^2 2s\,ds + \int_1^2 \frac{s}{(s+1)^2}\,ds$$

첫 번째 항:

$$\int_1^2 2s\,ds = \Big[s^2\Big]_1^2 = 3$$

두 번째 항: $\dfrac{s}{(s+1)^2} = \dfrac{(s+1)-1}{(s+1)^2} = \dfrac{1}{s+1} - \dfrac{1}{(s+1)^2}$ 이므로

$$\int_1^2\left(\frac{1}{s+1} - \frac{1}{(s+1)^2}\right)ds = \left[\ln(s+1) + \frac{1}{s+1}\right]_1^2$$
$$= \left(\ln 3 + \frac{1}{3}\right) - \left(\ln 2 + \frac{1}{2}\right)$$
$$= \ln\frac{3}{2} - \frac{1}{6}$$

따라서 $\displaystyle\int_1^2 t(s)ds = 3 + \ln\frac{3}{2} - \frac{1}{6} = \frac{17}{6} + \ln\frac{3}{2}$이다.

최종적으로 구하는 적분값은

$$\frac{223}{36} - \left(\frac{17}{6} + \ln\frac{3}{2}\right) = \frac{223}{36} - \frac{102}{36} - \ln\frac{3}{2}0$$
$$= \frac{121}{36} - \ln\frac{3}{2}$$

[랑데뷰팁] (i), (ii) 계산

우변의 분모의 제곱수를 확인하고 대입해서 구하는게 가장
효율적이다.

(i)에서 $2x + \dfrac{x}{(x+1)^2} = \dfrac{9}{4}$의 방정식을 풀면

분모에 $(x+1)^2$이 있으므로, 식을 간단히 하기 위해
$x+1=t$로 치환한다.

이때 $x=t-1$이다. (단, 분모가 0이 아니어야 하므로
$x\neq -1$, 즉 $t\neq 0$)

$$2(t-1) + \frac{t-1}{t^2} = \frac{9}{4}$$

$$2t - 2 + \frac{1}{t} - \frac{1}{t^2} = \frac{9}{4}$$

양변에 $4t^2$을 곱하면

$$4t^{2(2t-2)}+4t^2\left(\frac{1}{t}-\frac{1}{t^2}\right)=9t^2$$

$$8t^3-8t^2+4t-4=9t^2$$

$$8t^3-17t^2+4t-4=0$$

조립제법을 이용하여 인수분해하면

$$(t-2)(8t^2-t+2)=0$$

여기서 $8t^2-t+2=0$의 판별식을 D라 하면,

$$D=(-1)^2-4\cdot 8\cdot 2=1-64=-63<0$$

이므로, 실근은 존재하지 않는다.

따라서 유일한 실근은 $t=2$이다.

치환한 식 $x+1=t$에 대입하여 x를 구한다.

$$x+1=2$$

$$x=1$$

29) 정답 71

[제작자 : 랑데뷰수학 황보백T]

등비수열 $\{a_n\}$의 a_1과 공비를 모두 r이라 하면 $a_n=r^n$이다.

$b_{k+i}=a_{4-i}-i^3$의 양변의 i에 1, 2, 3을 차례로 대입하면

$$b_{k+1}=a_3-1^3=r^3-1$$

$$b_{k+2}=a_2-2^3=r^2-8$$

$$b_{k+3}=a_1-3^3=r-27$$

이다.

수열 $\{b_n\}$이 등차수열이므로 등차중항의 성질에 의해

$$2(r^2-8)=(r^3-1)+(r-27)$$

$$2r^2-16=r^3+r-28$$

$$r^3-2r^2+r-12=0$$

$$(r-3)(r^2+r+4)=0$$

$$\therefore\ r=3$$

따라서 $a_n=3^n$이다.

$$b_{k+1}=a_3-1^3=r^3-1=26$$

$$b_{k+2}=a_2-2^3=r^2-8=1$$

$$b_{k+3}=a_1-3^3=r-27=-24$$

에서 등차수열 $\{b_n\}$의 공차는 -25이다.

$b_3=1$이므로 $b_1=51$이다.

$$\sum_{n=1}^{\infty}\left(\frac{1}{a_n}+\frac{102}{b_n b_{n+1}}\right)$$

$$=\sum_{n=1}^{\infty}\frac{1}{a_n}+\sum_{n=1}^{\infty}\frac{102}{b_{n+1}-b_n}\left(\frac{1}{b_n}-\frac{1}{b_{n+1}}\right)$$

$$=\frac{\dfrac{1}{3}}{1-\dfrac{1}{3}}+\frac{102}{-25}\times\frac{1}{51}$$

$$=\frac{1}{2}-\frac{2}{25}=\frac{25-4}{50}=\frac{21}{50}$$

$p=50$, $q=21$이므로 $p+q=71$이다.

30) 정답 11

[제작자 : 랑데뷰수학 황보백T]

[그림 : 이정배T]

$h(x)=f^{-1}(x)$라 하자.

$h(x)$가 실수 전체의 집합에서 증가하므로

$|x|\leq 1$일 때, $h(x)=x+1+(x-1)^2\sin\left(\dfrac{\pi}{2}x\right)$

이다.

$h(1)=2$, $h(-1)=-4$

$h'(x)=1+2(x-1)\sin\left(\dfrac{\pi}{2}x\right)+(x-1)^2\cos\left(\dfrac{\pi}{2}x\right)\dfrac{\pi}{2}$ 에서

$h'(1)=1$, $h'(-1)=5$이고 $h'(0)=1+\dfrac{\pi}{2}$이다.

함수 $h(x)$가 실수 전체의 집합에서 미분가능하므로

$x>1$일 때, $h(x)=ax^3+b$라 하면

$h'(x)=3ax^2$에서 $x=1$에서 미분계수가 1이어야 하므로

$$3a=1\ \rightarrow\ a=\frac{1}{3}$$

$$h(x)=\frac{1}{3}x^3+b$$

$h(1)=2$이므로 $\dfrac{1}{3}+b=2$에서 $b=\dfrac{5}{3}$이다.

즉, $x>1$일 때 $h(x)=\dfrac{1}{3}x^3+\dfrac{5}{3}$이다.

$x<-1$일 때, $h(x)=cx^3+d$라 하면

$h'(x)=3cx^2$에서 $x=-1$에서 미분계수가 5이어야 하므로

$$3c=5\ \rightarrow\ c=\frac{5}{3}$$

$$h(x)=\frac{5}{3}x^3+d$$

$h(-1)=-4$이므로 $-\dfrac{5}{3}+d=-4$에서 $d=-\dfrac{7}{3}$이다.

즉, $x<-1$일 때 $h(x)=\dfrac{5}{3}x^3-\dfrac{7}{3}$이다.

따라서 (가), (나)를 만족시키는 함수 $f^{-1}(x)$는 다음과 같다.

$$f^{-1}(x)=\begin{cases}\dfrac{1}{3}x^3+\dfrac{5}{3} & (x>1)\\[2mm] x+1+(x-1)^2\sin\left(\dfrac{\pi}{2}x\right) & (-1\leq x\leq 1)\\[2mm] \dfrac{5}{3}x^3-\dfrac{7}{3} & (x<-1)\end{cases}$$

$$\therefore\ a+b+c+d=\frac{4}{3}$$

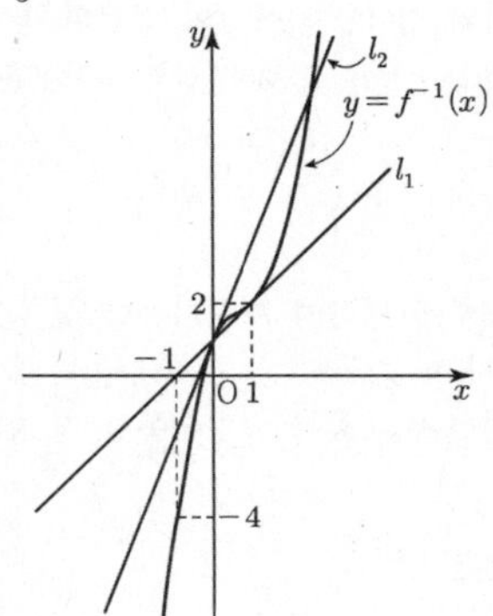

$(0, 1)$을 지나고 곡선 $y=f^{-1}(x)$에 접하는 두 직선을 l_1, l_2이라 하자. 직선 l_1의 기울기는 1이고 직선 l_2의 기울기는

$1+\dfrac{\pi}{2}=\dfrac{2+\pi}{2}$라 할 수 있다.

두 직선 l_1, l_2를 직선 $y=x$에 대하여 대칭이동 한 직선을 각각

$l_1{}'$, $l_2{}'$이라 하면 두 직선 $l_1{}'$, $l_2{}'$의 기울기는 각각 1, $\dfrac{2}{2+\pi}$이다.

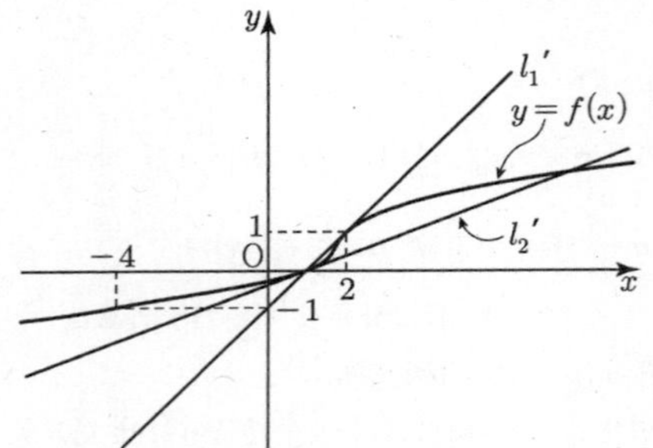

따라서 함수 $g(m)$은 다음과 같다.

$$g(m)=\begin{cases}1 & (m \le 0)\\ 3 & \left(0<m<\dfrac{\pi}{2+\pi}\right)\\ 2 & \left(m=\dfrac{2}{2+\pi}\right)\\ 3 & \left(\dfrac{2}{2+\pi}<m<1\right)\\ 2 & (m=1)\\ 1 & (m>1)\end{cases}$$

$\alpha=0$, $\beta=\dfrac{2}{2+\pi}$, $\gamma=1$

따라서

$\lim\limits_{m\to(\alpha+\gamma)-} g(m)\times\beta\times(a+b+c+d)$

$=\lim\limits_{m\to 1-} g(m)\times\dfrac{2}{2+\pi}\times\dfrac{4}{3}$

$=3\times\dfrac{2}{2+\pi}\times\dfrac{4}{3}=\dfrac{8}{2+\pi}$

$p=8$, $q=2$, $r=1$이므로 $p+q+r=11$이다.

기하
[출제자:황보백T]

23) 정답 ④
포물선 $y^2=8x$ 위의 점 $(2, 4)$에서의 접선의 방정식은
$4y=4(x+2)$, 곧 $y=x+2$이므로 접선의 y절편은 2이다.

24) 정답 ③
점 $P(1, 2, 3)$을 x축에 대하여 대칭이동한 점 Q의 좌표는
$Q(1, -2, -3)$이다.
또한 점 P를 xy평면에 대하여 대칭이동한 점 R의 좌표는
$R(1, 2, -3)$이다.
이때 $\overline{PR}=6$, $\overline{QR}=4$이고,

$\overline{PR}\,/\!/\,(z$축$)$, $\overline{QR}\,/\!/\,(y$축$)$에서

$\angle PRQ=\dfrac{\pi}{2}$이므로

삼각형 PQR의 넓이는

$\dfrac{1}{2}\times\overline{PR}\times\overline{QR}=\dfrac{1}{2}\times6\times4=12$

25) 정답 ⑤
$|\vec{a}-2\vec{b}|=7$에서
$|\vec{a}-2\vec{b}|^2=49$
$(\vec{a}-2\vec{b})\cdot(\vec{a}-2\vec{b})=49$
$|\vec{a}|^2-4\vec{a}\cdot\vec{b}+4|\vec{b}|^2=49$
$3^2-4\vec{a}\cdot\vec{b}+4\times4^2=49\ (\because |\vec{a}|=3,\ |\vec{b}|=4)$
곧, $\vec{a}\cdot\vec{b}=6$
$\begin{aligned}|\vec{a}+\vec{b}|^2 &=|\vec{a}|^2+2\vec{a}\cdot\vec{b}+|\vec{b}|^2\\ &=3^2+2\times6+4^2\\ &=37\end{aligned}$
따라서 $|\vec{a}+\vec{b}|=\sqrt{37}$

26) 정답 ②
$\overrightarrow{AC}=\overrightarrow{OC}-\overrightarrow{OA}=3\vec{a}+(k+1)\vec{b}$
$\overrightarrow{AB}=\overrightarrow{OB}-\overrightarrow{OA}=-3\vec{a}+4\vec{b}$
세 점이 한 직선 위에 있으려면
$\overrightarrow{AC}=t\overrightarrow{AB}$가 성립해야 하므로
$3\vec{a}+(k+1)\vec{b}=-3t\vec{a}+4t\vec{b}$
그러므로 $3=-3t$이고 $k+1=4t$에서 $t=-1$, $k=-5$이다.

27) 정답 ④
[그림 : 최성훈T]

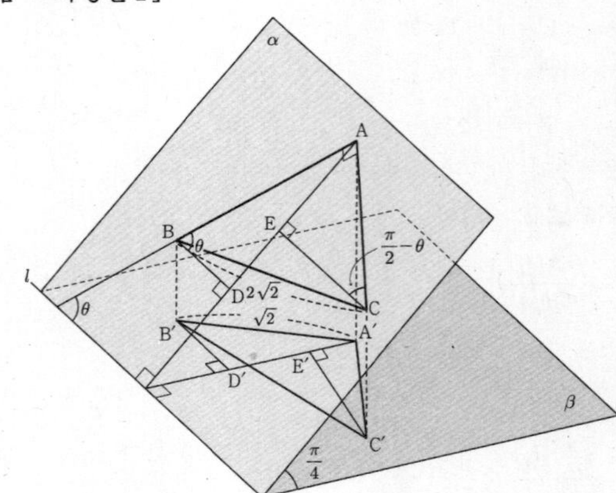

직각이등변삼각형 ABC에서 $\angle A=\dfrac{\pi}{2}$, $\overline{BC}=2\sqrt{2}$이므로

$\overline{AB}=\overline{AC}=2$

평면 α와 평면 β의 교선을 l이라 하고, 선분 AB와 직선 l이
이루는 각의 크기를 θ라 하자. 점 B를 지나고 직선 l과 평행하며

평면 α위에 있는 직선과 점 A를 지나고 직선 l과 수직이며 평면 α위에 있는 직선이 만나는 점을 D라 하면 삼각형 ABD에서

$\angle ADB = \dfrac{\pi}{2}, \ \angle ABD = \theta$

점 D를 평면 β위로의 정사영을 D′이라 하면

$\overline{BD} \perp \overline{AD}, \ \overline{BD} \perp \overline{DD'}$

이므로 평면 ADD′A′과 선분 BD는 서로 수직이다.

또, 선분 BD와 선분 B′D′이 평행하므로 삼각형 A′B′D′에서

$\angle A'D'B' = \dfrac{\pi}{2}$

이때,

$\overline{B'D'} = \overline{BD} = \overline{AB}\cos\theta = 2\cos\theta$

$\overline{A'D'} = \overline{AD}\cos\dfrac{\pi}{4} = \overline{AB}\sin\theta\cos\dfrac{\pi}{4} = \sqrt{2}\sin\theta$

$\overline{A'B'} = \sqrt{\overline{B'D'}^2 + \overline{A'D'}^2} = \sqrt{4\cos^2\theta + 2\sin^2\theta} = \sqrt{2}$

$\therefore \ 4\cos^2\theta + 2\sin^2\theta = 2 \ \cdots \ \text{ⓐ}$

마찬가지 방법으로 점 C를 지나고 직선 l과 평행하며 평면 α위에 있는 직선과 점 A를 지나고 직선 l과 수직이며 평면 α위에 있는 직선이 만나는 점을 E라 하면 삼각형 AEC에서

$\angle AEC = \dfrac{\pi}{2}, \ \angle ACE = \dfrac{\pi}{2} - \theta$

점 E의 평면 β위로의 정사영을 E′이라 하면

$\overline{CE} \perp \overline{AE}, \ \overline{CE} \perp \overline{EE'}$

이므로 평면 AEE′A과 선분 CE는 서로 수직이다.

또, 선분 CE와 선분 C′E′이 평행하므로 삼각형 A′E′C′에서

$\angle A'E'C' = \dfrac{\pi}{2}$

이때,

$\overline{E'C'} = \overline{EC} = \overline{AC}\cos\left(\dfrac{\pi}{2} - \theta\right) = 2\sin\theta$

$\overline{A'E'} = \overline{AE}\cos\dfrac{\pi}{4} = \overline{AC}\sin\left(\dfrac{\pi}{2} - \theta\right)\cos\dfrac{\pi}{4} = \sqrt{2}\cos\theta$

$\begin{aligned}
\overline{A'C'} &= \sqrt{\overline{E'C'}^2 + \overline{A'E'}^2} \\
&= \sqrt{4\sin^2\theta + 2\cos^2\theta} \\
&= \sqrt{4(1 - \cos^2\theta) + 2(1 - \sin^2\theta)} \\
&= \sqrt{6 - (4\cos^2\theta + 2\sin^2\theta)} \ (\because \ \text{ⓐ}) \\
&= \sqrt{6 - 2} = 2 \\
\therefore \ \overline{A'C'} &= 2
\end{aligned}$

[다른 풀이]

두 평면 α, β가 이루는 각의 크기가 $\dfrac{\pi}{4}$이므로 평면 β와

직선 AB가 이루는 각의 크기 θ는 $0 \le \theta \le \dfrac{\pi}{4}$이다.

$\overline{A'B'} = \overline{AB}\cos\theta$에서 $\sqrt{2} = 2\cos\theta$

$\therefore \ \theta = \dfrac{\pi}{4}$

따라서 두 평면 α, β의 교선과 직선 AB는 수직이다.

직선 AC와 교선 l이 평행이므로 $\overline{A'C'} = 2$

---

28) 정답 ③

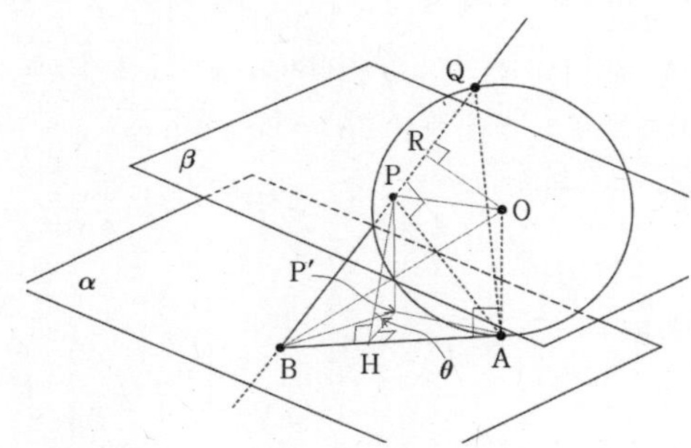

그림과 같이 점 P에서 평면 α에 내린 수선의 발을 P′라 하자.

직선 OP가 평면 β위에 있고

$\alpha /\!/ \beta$이므로 $\angle POA = \dfrac{\pi}{2}$이다.

따라서 사각형 OPP′A는 한 변의 길이가 1인 정사각형이다.

직각삼각형 PP′B에서 $\overline{PP'} = 1$, $\angle PBP' = \dfrac{\pi}{6}$이므로 $\overline{BP} = 2$

직각삼각형 PP′A에서 $\overline{PP'} = 1$, $\overline{P'A} = 1$이므로 $\overline{PA} = \sqrt{2}$

삼각형 APB에서 $\overline{BP} = 2$, $\overline{PA} = \sqrt{2}$, $\overline{AB} = \sqrt{6}$이므로

$\angle APB = \dfrac{\pi}{2}$이다.

한편,

점 P에서 선분 AB에 내린 수선의 발을 H라 하면

$\overline{BP} \times \overline{PA} = \overline{AB} \times \overline{PH}$ (일명:소공식)에서

$2 \times \sqrt{2} = \sqrt{6} \times \overline{AH}$

$\therefore \ \overline{AH} = \dfrac{2}{\sqrt{3}}$

따라서 $\overline{P'H} = \dfrac{1}{\sqrt{3}}$이므로 $\angle PHP' = \theta$라 $\cos\theta = \dfrac{1}{2}$이다.

즉, 평면 PBA와 평면 α가 이루는 각의 크기가 θ이고 삼각형 APQ는 평면 PBA에 포함되고 두 평면 α와 β는 평행하므로 삼각형 APQ와 평면 β가 이루는 각도 θ이다.

직각삼각형 OBA에서 $\overline{OA} = 1$, $\overline{AB} = \sqrt{6}$이므로 $\overline{OB} = \sqrt{7}$

구의 중심 O에서 $\overline{PQ}$에 내린 수선의 발을 R이라 하고 $\overline{PR} = x$라 하면 직각삼각형 OBR에서

$\overline{BR} = 2 + x$, $\overline{OB} = \sqrt{7}$이므로

$\overline{OR} = \sqrt{3 - 4x - x^2} \cdots \text{ⓐ}$

직각삼각형 OPR에서 $\overline{OP} = 1$, $\overline{PR} = x$이므로

$\overline{OR} = \sqrt{1 - x^2} \cdots \text{ⓑ}$

ⓐ, ⓑ에서 $x = \dfrac{1}{2}$

따라서 $\overline{PQ} = 2 \times \dfrac{1}{2} = 1$

삼각형 APQ의 넓이 $S = \dfrac{1}{2} \times \sqrt{2} \times 1 = \dfrac{\sqrt{2}}{2}$

따라서 삼각형 APQ의 평면 β위로의 정사영의 넓이는

$S \times \cos\theta = \dfrac{\sqrt{2}}{2} \times \dfrac{1}{2} = \dfrac{\sqrt{2}}{4}$

[다른 풀이]

$\angle APQ = \dfrac{\pi}{2}$ 이므로 세 점 A, P, Q는 $\overline{AQ}$를 지름으로 하는 원 위의 점이다. 직선 AB는 그 원의 접선이고 접점이 A이므로

원과 비례관계(방멱 정리)에서 $\overline{BA}^2 = \overline{BP} \times \overline{BQ}$

따라서 $\overline{BQ} = 3$이므로 $\overline{PQ} = 1$

---

29) 정답 54

[출제자 : 서태욱T]

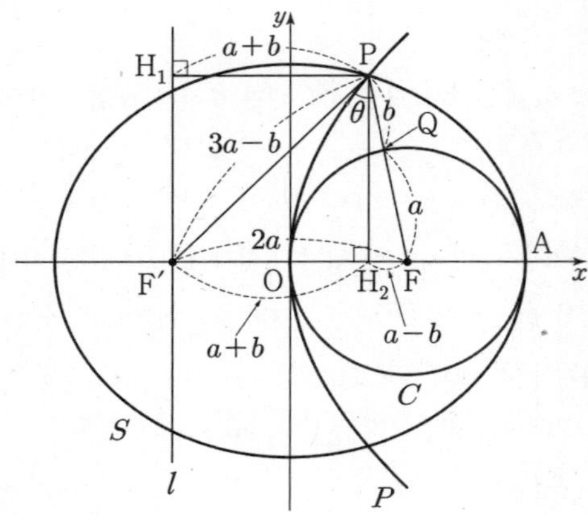

$\overline{FQ} = a$, $\overline{PQ} = b$라 하자.

포물선 P의 준선을 l이라 하고 점 P에서 직선 l에 내린 수선의 발을 H_1이라 하면 포물선의 정의에 의하여

$$\overline{PH_1} = \overline{PF} = a + b$$

이다.

또, 점 P에서 x축에 내린 수선의 발을 H_2라 하면

$$\overline{FH_2} = \overline{FF'} - \overline{PH_1} = 2a - (a+b) = a - b$$

이다.

한편 타원 S의 장축의 길이는 $4a$이므로 $\overline{PF'} + \overline{PF} = 4a$에서

$$\overline{PF'} = 4a - (a+b) = 3a - b$$

이다.

피타고라스 정리에 의하여

$$\overline{PF}^2 + \overline{FH_2}^2 = \overline{PF'}^2 + \overline{F'H_2}^2$$

이므로

$$(a+b)^2 - (a-b)^2 = (3a-b)^2 - (a+b)^2$$
$$\Rightarrow 4ab = 8a^2 - 8ab$$
$$\Rightarrow 2a - 3b = 0$$
$$\Rightarrow a : b = 3 : 2$$
$$\Rightarrow a = 3k, \ b = 2k \ \text{(단, } k\text{는 실수)}$$

라 할 수 있다.

따라서 삼각형 PF'F에서 각 변의 길이를 k로 나타내면 다음과 같다.

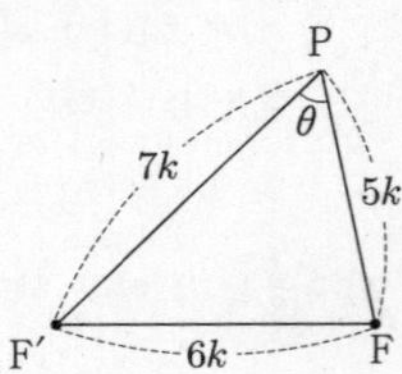

코사인법칙을 적용하면

$$\cos\theta = \frac{49k^2 + 25k^2 - 36k^2}{2 \times 7k \times 5k} = \frac{19}{35}$$

이다.

$p = 35$, $q = 19$이므로 $p + q = 54$이다.

---

30) 정답 64

(가)에서 점 P는 중심이 A이고 반지름의 길이가 2인 원 위의 점이다.

즉, P (a, b)이면 $(a+1)^2 + (b - \sqrt{3})^2 = 4 \cdots \bigcirc$을 만족한다.

(나)에서 $k \neq 0$, $k \neq 1$인 상수이므로 점 O, P, Q 는 서로 다른 세 점이고 한 직선 위에 있다. (다)에서 점 O 를 기준으로 P, Q 는 반대 방향에 위치한다.

따라서 P (a, b), Q (x, y)라 하면 $\dfrac{b}{a} = \dfrac{y}{x} \Rightarrow y = \dfrac{b}{a}x \cdots \bigcirc$이다.

(다)에서 $ax + by = -4 \cdots \bigcirc\!\!\bigcirc$

$\bigcirc$을 $\bigcirc\!\!\bigcirc$에 대입하면

$$ax + \frac{b^2}{a}x = -4 \ \Rightarrow \ (a^2 + b^2)x = -4a$$

따라서 $x = \dfrac{-4a}{a^2 + b^2}$이고 $\bigcirc$에 대입하면 $y = \dfrac{-4b}{a^2 + b^2}$이다.

한편, $\bigcirc$에서 $a^2 + b^2 = -2a + 2\sqrt{3}b$이므로

$$x - \sqrt{3}y = \frac{-4a + 4\sqrt{3}b}{-2a + 2\sqrt{3}b} = 2$$

즉, 점 Q는 직선 $x - \sqrt{3}y - 2 = 0$위의 점이다.

직선 $x - \sqrt{3}y - 2 = 0$위의 점 X에 대하여 $\overrightarrow{OX}$와 $\overrightarrow{OB}$가 이루는 각을 θ라 하면

$\overrightarrow{OX} \cdot \overrightarrow{OB} = 2|\overrightarrow{OX}|\cos\theta$이므로

$|\overrightarrow{OB} \cdot \overrightarrow{OX}| \leq 4$에서 $-2 \leq |\overrightarrow{OX}|\cos\theta \leq 2$이다.

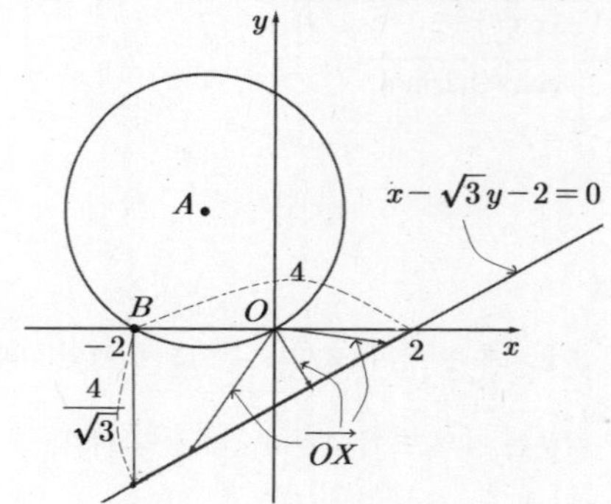

따라서 그림과 같이 X가 나타내는 도형의 길이 $l = \dfrac{8}{\sqrt{3}}$이다.

$$\therefore 3l^2 = 3 \times \frac{64}{3} = 64$$